# 天麻产业开发关键技术

方　伟　邹　娟　邱小燕
刘胜贵　伍贤进　田玉桥　著
蒋忠权　陈三春



西南交通大学出版社
·成　都·

图书在版编目（CIP）数据

天麻产业开发关键技术 / 方伟等著. 一成都：西南交通大学出版社，2020.11

ISBN 978-7-5643-7650-5

Ⅰ. ①天… Ⅱ. ①方… Ⅲ. ①天麻－栽培技术 Ⅳ. ①S567.23

中国版本图书馆 CIP 数据核字（2020）第 175091 号

Tianma Chanye Kaifa Guanjian Jishu

天麻产业开发关键技术

方　伟　邹　娟　邱小燕
刘胜贵　伍贤进　田玉桥　著
蒋忠权　陈三春

责任编辑　牛　君
封面设计　墨创文化

出版发行　西南交通大学出版社
（四川省成都市金牛区二环路北一段 111 号
西南交通大学创新大厦 21 楼）
邮政编码　610031
发行部电话　028-87600564　028-87600533
网址　http://www.xnjdcbs.com
印刷　成都勤德印务有限公司

成品尺寸　185 mm × 260 mm
印张　9　插页　4
字数　233 千
版次　2020 年 11 月第 1 版
印次　2020 年 11 月第 1 次
定价　68.00 元
书号　ISBN 978-7-5643-7650-5

# foreword 序

随着经济的发展、生活水平的提高，人们对健康的关注与投入日益增长，保健品的需求量越来越大。天麻被广泛应用于保健品、药品、化妆品等诸多领域，可谓市场容量巨大、应用前景广阔。天麻作为一种中药材，具有镇痛、镇静、抗惊厥、降低血压、明目、增智等作用，并常作为食补材料，食用方法有很多种。我国天麻主要产区在湖南雪峰山地区，此地区包括怀化、邵阳部分区域，此区域内所种植的天麻俗称“雪峰天麻”。雪峰山位于湖南中部和西部，南起湖南与广西交界处，与八十里大南山相接；北至洞庭湖滨；西侧是湘西丘陵；东侧为湘中丘陵。主峰苏宝顶，海拔 1934 米，植被为亚热带常绿阔叶林，自然条件非常适合天麻的生长。独特的自然环境使雪峰山天麻具有个大、肥厚、质坚实、天麻素含量高、重金属含量极微、无农药残留、无污染、食用安全等独特的品质。

但由于产地环境原因，近年来野生天麻变种严重，质量下降并且产量也不高，产品供不应求。长期以来，天麻人工栽培大都采用无性繁殖，多代的无性繁殖会使麻种退化，产量和质量均有所下降。通过有性繁殖培育天麻杂交种，利用有性杂交种优势可以从根本上解决麻种缺乏、种性退化、产量和品质下降等问题。而在天麻生长过程中，蜜环菌为天麻提供营养，博世康公司在蜜环菌的研究上拥有巨大的优势，因此，“优质湖南雪峰天麻生产加工及其产业化关键技术研究”项目的实施，能将雪峰天麻的产量、质量恢复到原有的高度，并将这一品种打造成知名品牌，形成湖南雪峰天麻全产业链。

本项目以怀化学院伍贤进教授为技术总负责人，在方伟、邹娟、刘胜贵、邱小燕、蒋忠权、陈三春、田玉桥、魏麟等各位科研人员的共同努力下，对全国天麻种质资源分布、雪峰山区域天麻品种选育、天麻“烂窖”问题解决关键措施、天麻无硫加工及产品开发等方面进行了深入的研究。经过 3 年多的研究，取得了实质性成果：申请专利 6 项，授权专利 5 项，发表科研论文 7 篇，建立技术标准规范 10 项，获得科技进步奖 2 项。本书是该研究项目的研究过程、方法、成果等的总结，相信本书的出版能对雪峰山区域乃至全国天麻产业的持续、健康发展做出应有的贡献。

2020.10.20

# PREFACE 前言

天麻（*Gastrodia elata* Blume）为兰科天麻属多年生草本植物，在形态与功能上高度特化，无叶无根，是兰科植物中较为独特的种类。天麻主产于湖南、湖北、陕西、云南、四川、贵州等地，生于海拔 400 ~ 3200 m 的疏林下、林中空地、林缘、灌丛边缘等。天麻在我国有悠久的药用和食用历史，最早记载于秦汉时期的《神农本草经》并被列为上品，是著名的道地药材，有平肝熄风的功能，用于治疗头晕目眩、肢体麻木、小儿惊风等症。湖南雪峰山一带是天麻野生分布区和传统栽培区。宋代苏颂所著《本草图经》中就有“今京东、京西、湖南、淮南州郡亦有之”的记载，这里所说的湖南主要是雪峰山区域。明代《本草品汇精要》中关于天麻的记载也有“天麻，邵州、郓州着佳”。此处所说邵州即为雪峰山区域。产于雪峰山区域的天麻以其质优量大而闻名。

本书在湖南省战略性新兴产业科技攻关类项目“优质湖南雪峰天麻生产加工及其产业化关键技术研究（项目编号：2016GK4052）”和生物工程湖南省“双一流”应用特色学科、“药用植物活性成分高效利用”怀化市科技创新人才团队等项目的资助下，以雪峰山主产的天麻为重点研究对象，对天麻生态种植、成分检测、加工过程、深度加工等进行了较为深入的研究，制订了有关操作规范或规程，以期为天麻生产和开发利用添砖加瓦。

本书由伍贤进教授负责整体构思，有关作者按照分工开展研究和进行写作，最后由方伟和伍贤进负责统稿，怀化学院化学与材料工程学院曾瞬钦讲师，怀化学院生物与食品工程学院本科生符清莉、廖芳帆、何洁、廖铁群、李玲、郑鑫鑫、陈州莉，易宇航、付敏、周杰、董欣瑞、张雪莎等为本书的完成参与了许多具体研究工作，在此对他们表示感谢！

由于作者水平有限，书中难免存在错漏之处，敬请读者批评指正。

作　者

2020 年 4 月

# CONTENTS

## 1 天麻概述



## 2 天麻有效成分分析

## 3 天麻的低碳种植

## 4 天麻的采收与加工方法



## 5 天麻系列食品加工

## 附 录

# 天麻概述

天麻为我国传统医学中的名贵药材，始载于秦汉时期的《神农本草经》，被列为上品。天麻在我国历代本草医书和《中华人民共和国药典》（简称《中国药典》，下同）中均有记载，有 2000 多年食用和药用历史（尚志钧，2008）。本章对天麻的基本情况、历代本草记载、分布和商品分级等进行介绍，为读者对天麻形成基本认知提供综合资料。

## 1.1 天麻简介

### 1.1.1 天麻的形态

天麻（*Gastrodia elata* Blume）为兰科天麻属多年生草本植物，在形态与功能上高度特化，无叶无根，是兰科植物中较为独特的种类，整个生命周期中不出现自养器官，完全依赖同化已侵染其本身的蜜环菌菌丝体作为营养来源（张维经，1997）（附录 K 图 K1）。

天麻全株无绿叶，高 30 ~ 100 cm，有时可达 2 m；地下块茎肥厚，呈长椭圆形或哑铃形，长 10 ~ 20 cm，粗 3 ~ 7 cm，肉质，常平卧；节较密，节上轮生多数三角状广卵形的膜质鳞片。总状花序顶生，花期显著伸长，长 30 ~ 50 cm，具花 30 ~ 80 朵；苞片长圆状披针形，长 1 ~ 1.5 cm；花橙红、淡黄、蓝绿或黄白色，近直立；花梗长 3 ~ 5 cm；萼片与花瓣合生成花被筒，顶端 5 裂；内轮裂片（花瓣离生部分）近长圆形，较小；唇瓣长圆状卵圆形，长 6 ~ 7 mm，宽 3 ~ 4 mm，3 裂，基部贴生于蕊柱足末端，与花被筒内壁上并有一对肉质胼胝体，上部离生，上具乳突，边缘有不规则短流苏；蕊柱长 5 ~ 7 mm，有短的蕊柱足。蒴果直立，倒卵状椭圆形，长 1.5 ~ 2 cm，直径 8 ~ 9 mm；花果期 5—7 月，种子细小，多数。

### 1.1.2 天麻的名称与栽培利用概况

在我国古代和近代，由于人们对天麻的植物学特征和生长发育习性一直不清楚，天麻的形态及其应用一直神秘莫测，且历代本草典籍对天麻的描述因角度不同而形成了许多异名，如赤箭、离母、鬼督邮、神草、独摇芝、赤箭脂、定风草、合离草、独摇、自动草、水洋芋和明天麻等。其干燥块茎即为著名中药材天麻（附录 K 图 K2）。

因天麻独特的生物学特性，野生数量十分有限，加之其良好的药用价值，野生天麻资源在 20 世纪 50 年代就逐渐枯竭。为了保证天麻的市场供应，20 世纪 70 年代开始，我国相继开展了天麻人工栽培技术的研究并取得了成功，从而结束了天麻不能人工栽培的历史（徐锦堂，2001）。目前人工栽培天麻的技术日趋成熟和规范，种植天麻已经成为偏远山区发展经济、帮助农民脱贫致富的重要手段。2002 年，我国卫生部将天麻列入可用于保健食品的物品名单，显著拓宽了天麻产业范围。近年来，天麻的应用研究逐渐增多。随着社会经济发展和人民生活水平不断提高，对于各类新型保健食品和健康食品的需求日益增多，批准天麻作为新资源食品用于食品加工具有非常重要的社会意义。综合考虑各地需求，为了顺应趋势推进按照传统既是食品又是中药材物质目录的修订工作，结合我国传统饮食习惯和国外管理经验，2018 年 4 月，国家卫计委公布《关于就党参等 9 种物质作为按照传统既是食品又是中药材物质开展试生产征求意见的函》，计划将天麻按照食药资源管理并进行为期两年的试生产。这无疑为天麻产业发展带来了新的契机，为进一步研究开发利用天麻提供了政策支持。开发天麻健康食品、提升产品附加值成为天麻产业发展的新亮点。

## 1.2 天麻历代本草记载

### 1.2.1 历代本草对天麻功效的记述

天麻在我国有悠久的药用和食用历史，最早记载于秦汉时期的《神农本草经》并被列为上品，是著名的道地药材。历代本草医书也有很多关于天麻产地、药名、药用部位与功效的记载（附录 K 图 K3）。

#### 1.2.1.1 天麻药名的本草考证

秦汉时期，天麻以“赤箭”为正名，而以“离母”和“鬼督邮”为其别名，如《神农本草经》记载：“赤箭……一名离母，一名鬼督邮”（陈安华，1989）。魏晋南北朝时期，天麻的名称比较多，其中《吴普本草》以“鬼督邮”作为天麻正名，用“神草”和“阎狗”为其别名（张彩玲，1981）；《名医别录》和《本草经集注》则沿用“赤箭”作为正名，而以“离母”和“鬼督邮”作为别名（卢进，1994）；《抱朴子》以“独摇芝”为正名；在《雷公炮炙论》中首载“天麻”之名。隋唐时期，在《新修本草》中沿用了“赤箭”正名，在《药性论》中则用“赤箭脂”为正名，用“天麻”和“定风草”为别名。宋朝时期，天麻名称出现了一些混乱：《嘉祐本草》将天麻茎秆称为“赤箭”，《开宝本草》用“天麻”为正名；《本草图经》和《本草衍义》则是将赤箭和天麻分列为两味药；《本草图经》还根据天麻皮的颜色，将其别称为“白龙皮”；《梦溪笔谈》和《证类本草》等不同意上述本草观点，明确将赤箭和天麻列为一物。元、明、清时期，多以“天麻”为正名并将天麻花苔称为“定风草”，如《本草衍义补遗》将赤箭根称为天麻；《本草纲目》则将“赤箭”和“天麻”合并为一，并记载“赤箭，以状而名；独摇、定风，以性异而名；离母、合离，以根异而名；神草、鬼督邮，以功而名”和“其皮黄白色，名曰龙皮”（龚文玲等，2018）；还有的医书将天麻直接曝干，称为羊角天（《中药大辞典》，1977）、山土豆（《中国药材学》）和自动草（《湖南药物志》）。根据天麻产地不同，又有川天麻、贵天麻和西天麻（陕西天麻）之称。在宋代以前，天麻多用“赤箭”为正名；宋代将天麻分为赤箭和天麻两味药；宋代以后逐步以地下块茎形态描述的“天麻”为正名。同时，根据天麻的性状，功效，地下块茎形态、颜色、采收时间，加工后药材形态，产地和地方俗称，有不同别名或商品名。天麻历史上还存在同名异物现象，如《本草拾遗》中记载的天麻实为益母草；《名医别录》中称为“五母麻”的，李时珍质疑也是益母草的一种（黄斌，1989）。

#### 1.2.1.2 天麻的功效

秦汉时期对天麻的功效主治和生境（即山谷）就有了描述但未提及其药用部位。《神农本草经》载：“赤箭味辛，温。主杀鬼精物、蛊毒恶气，久服益气力、长阴肥健、轻身增年。”魏晋时期的《吴普本草》载：“治痈肿（御览）”。汉末的《名医别录》载：“主消痈肿，下肢满，寒疝下血。”南北朝时期的《本草经集注》载“味辛，温。主杀鬼精物，蛊毒恶气，治痈肿，下肢满疝，下血。久服益气力，长肥健，轻身增年。”北宋时期《嘉祐本草》载：“味辛，平，无毒。主诸风湿痹，四肢拘挛、小儿风痫惊气，利腰膝，强精力，眩晕头痛等症。久服益气，轻身长年”（朱艳玲，2011）。明代《本草纲目》载：“天麻乃肝经气分之药。眼黑头眩，风虚内作，非天麻不能治。天订乃定风草，故为治风之神药。今有久服天麻药，遍身发出红丹者，是其祛风之验也。”清代《本草新编》载：“味辛、苦，气平，无毒。入肺、脾肝、胆、心经。能止昏眩，疗风去湿，治筋骨拘挛瘫痪，通血脉，开窍，服食无忌。总之，天麻能祛外来之邪，逐内闭之痰，而气两虚之人，断不可轻用耳。”据《全国中草药汇编》（人民卫生出版社，1996）记载，天麻“主治高血压、眩晕、头痛、口眼歪斜、肢体麻木、小儿惊厥等症”。《中国药典》（2015 版）载：“息风止痉，平抑肝阳，祛风通络。用于小儿惊风，癫痫抽搐，破伤风，头痛眩晕，手中不遂，肢体麻木，风湿痹痛。”现代药理研究表明，天麻主要有四大治疗作用：对神经中枢系统的镇静、抗惊厥和镇痛作用；对心血管系统的强心作用；耐缺氧作用；增强免疫功能的作用（L. Chen，2017）。故天麻有“三镇”“三抗”“一补”之说，即抗癫痫、抗惊厥、抗风湿，镇静、镇痉、镇痛和补虚。

#### 1.2.1.3 天麻药膳

民间对天麻俗称“定风草”，其最广为流传的效用就是“补脑”，既可入药，也可入膳。天麻入食最早见于典籍《本经》，云：“天麻久服益气，长阴肥健，嵩山、衡山人取生者蜜煎作果食之，甚珍。”

天麻在民间被广泛食用，与不同材料进行配伍所起作用亦各有不同，如天麻蒸煮鸡蛋，可有助于治疗子宫脱垂、头痛、目眩等症；天麻枸杞煮猪脑，可辅助治疗脑震荡后遗症等；

天麻蒸羊脑和鲜天麻蒸猪肉，可治疗肝虚型高血压、动脉硬化、美尼尔综合征和神经衰弱等症；天麻与鸭肉、猪肉和鱼类等共炖，可滋阴潜阳，平肝息风，治疗眩晕、头痛、高血压和中风等症（孙明祎，2019；金·李东垣，2005；孙文奇，1985；梁嘉莹，2017）。流传比较广泛的典型民间天麻药膳食谱有：

1. 天麻煮鸡蛋

原料：天麻片 30 g、鸡蛋 3 个、水 1000 g。

加工方法：先将天麻片放锅内加水煮 30 min 后，打入鸡蛋煮熟后即可食用。

功效：改善头痛目眩。

2. 天麻益智仁煮猪脑

原料：天麻片 30 g、益智仁 10 g、猪脑 2 副。

加工方法：天麻片、益智仁加水文火煎 1 h，放入洗净的猪脑煮熟后食用。

功效：健脑益智，也可用于脑病后调养。

3. 天麻钩藤莲藕羹

原料：天麻 15 g、钩藤 10 g、藕粉 20 g、白糖适量。

加工方法：将天麻、钩藤用干净纱布包好，放入适量清水煎煮后去渣，然后用热汤冲熟藕粉，在冲熟的藕粉中调入适量白糖即可食用。

功效：可用于治疗眩晕病。

4. 天麻肉片汤

原料：天麻 15 g、猪肉适量。

加工方法：天麻浸软切片待用。肉片做汤，加入天麻片共煮。药、肉、汤俱食，可常服。

功效：用于治疗高血压、眩晕、头痛。

5. 天麻薏米粥

原料：天麻 10 g、薏米 30 g、粳米 100 g、白糖适量。

加工方法：将天麻浸软，切成薄片，与薏米、粳米加水煮粥，调入适量白糖即成。

功效：可用于治疗头痛、眩晕。

6. 天麻竹沥粥

原料：天麻 10 g、粳米 100 g、竹沥 30 g、白糖适量。

加工方法：将天麻浸软，切成薄片，与粳米加水煮粥，调入竹沥、白糖即成。粥及天麻片在 1 d 内分 2 次服用。

功效：平肝熄风，清热化痰。适用于肝风痰热癫痫症。

7. 天麻参芪羊肉火锅

原料：天麻片、党参（纱布包）、黄芪片（纱布包）各 50 g，胡萝卜、黄瓜、鸡腿菇、白萝卜、鸡血各 200 g，肉食鸡脯肉、鲜竹笋各 300 g，葱白段、料酒各 100 g，羊肉 750 g，生姜片 15 g，胡椒粉 3 g，大茴香 2 粒，丁香 5 粒，砂仁 2 粒，高汤、鸡精、精盐、香辣酱、花生油、鸡油各适量。

天麻用于药膳具有悠久的历史和民间传统，在一定程度上可以说明其作为新资源食品的安全性。但是天麻的主要成分如天麻素等在高温炖煮的过程中可能挥发流失。天麻作为药膳烹制食用，是否能同样发挥和中医药炮制后一样的作用还需要进一步的科学研究来证实。

### 1.2.2 天麻产品开发概况

随着天麻栽培研究迅速开展，天麻无性繁殖技术、有性繁殖技术和杂交育种技术得到了迅速推广普及，使天麻生产有了新的突破，缩短了生长周期，增加了产量（周铉，1981）。为天麻产品的产业化开发提供了原料基础。由于产量大大提高，天麻除用作中药配方和药膳外，也被用于生产多种含天麻或以天麻为主的产品，如复方天麻颗粒、天麻丸、天麻片、天麻头风灵胶囊、天麻头痛片、天麻首乌片、天麻追风膏、天麻祛风补片、天麻钩藤颗粒、天麻胶囊、天麻眩晕灵合剂、天麻醒脑胶囊和天麻壮骨丸等。此外还有功能食品如天麻酒、天麻蜜、天麻微粉以及天麻微粉胶囊等（张嘉硕，2006）。

《中国药典》记载有 8 种以天麻为主药的复方制剂，在临床治疗和预防疾病方面发挥了重要作用（国家药典委员会，2015）。天麻在化妆品方面的应用也开发了相关产品，如天麻多糖润肤霜是以天麻多糖为主要原料，再加上甘油、羊毛脂、白凡士林和液体石蜡等辅料制作而成的，在促使皮肤角质层降解和新陈代谢方面起到良好的效果，还具有保湿性、抗氧化作用，是一种绿色天然皮肤养护化妆品原料，为原料的深度开发利用提供了新方向（昝丽霞，2016）。

## 1.3 天麻地理分布与种类

### 1.3.1 天麻属植物的地理分布

天麻属（*Gastrodia*）是被子植物门兰科的一个属，该属多为腐生草本，约 20 种，分布于东亚、东南亚及大洋洲等，主要分布在热带、亚热带、温带以及寒温带山地。从马达加斯加经斯里兰卡、印度、喜马拉雅山以南各国、东南亚诸国至新几内亚、澳大利亚、新西兰、新喀里多尼亚、小笠原群岛、日本、朝鲜、中国以及俄罗斯远东地区均有分布（中国科学院中国植物志编辑委员会，1991）。

我国产的天麻有 13 种：原天麻（*G. angusta* S. Chow et S. C. Chen），无喙天麻（*G. appendiculata* C. S. Leou et N. J. Chung），秋天麻（*G. autumnalis* T. P. Lin），八代天麻（*G. confusa* Honda et Tuyama），天麻（*G. elata* Bl.），夏天麻（*G. flabilabella* S. S. Ying），春天麻（*G. fontinalis* T. P. Lin），细天麻（*G. gracilis* Bl.），冬天麻（*G. hiemalis* T. P. Lin），南天麻[*G. javanica* (Bl.) Lindl.]，勐海天麻（*G. menghaiensis* Z. H. Tsi et S. C. Chen），北插天天麻（*G. peichatieniana* S. S. Ying），疣天麻（*G. tuberculata* F. Y. Liu et S. C. Chen）。属模式种：天麻（*Gastrodia sesamoides*

R.Br.)，该属的大部分物种的根部均可以作为天麻入药。

### 1.3.2 药用天麻种类

《中国植物志》(18 卷) 记载药用天麻特征为：腐生草本；产于中国吉林、辽宁、陕西、甘肃、安徽、浙江、湖北、湖南、四川、贵州、云南和西藏等地；生于疏林下、林中空地、林缘或者灌丛边缘，海拔 400 ~ 3200 m。尼泊尔、不丹、印度、日本、朝鲜半岛至西伯利亚也有分布（中国植物志编纂委员会，2001）。

中国科学院昆明植物研究所周铉研究员在对天麻进行广泛野外调查的基础上，根据天麻花和花茎的颜色，结合人工栽培的经验，将我国药用天麻分为 5 个变型：原变型红天麻、乌天麻、绿天麻、黄天麻和松天麻（周铉，1983）。

红天麻（*G. elata* f. *elata*），又名水红秆天麻，株高 1.5 ~ 2 m，根状茎棒槌形或哑铃形，最重[①]达 1 kg，含水量达 85%，茎橙红色，花浅姜黄色，略带淡绿色，花期 4—5 月；分布于黄河流域与长江流域。

乌天麻（*G. elata* f. *glauca*）又名铁杆天麻，株高 1.5 ~ 2 m，或者更高，根状茎椭圆形或卵圆形，节较密，最长可达 15 cm 或更长，最重达 0.8 kg，含水量达 60% ~ 70%，茎灰褐色，花蓝绿色，花期 6—7 月，果实形状不同于其他品种，为棱形或倒楔形；分布于云南东北部至西北部和贵州西部。

绿天麻（*G. elata* f. *viridis*），又名青天麻，株高 1 ~ 1.5 m，根状茎椭圆形或倒圆锥形，节较密，最重达 0.6 kg，含水量达 70%，茎淡蓝绿色，花淡蓝绿或白色，较为少见，花期 6—7 月；分布于我国东北至西南各省。

黄天麻（*G. elata* f. *flavida*），又名草天麻，株高 1 m 或以上，根状茎长椭卵形，最重达 0.5 kg，含水量达约 80%，幼嫩茎淡黄绿色，成熟茎淡黄色，花淡黄色，花期 4—5 月；分布于云南东北部、贵州西部、河南和湖北。

松天麻（*G. elata* f. *alba*），株高约 1 m，根状茎梭形或圆柱形，含水量达 90%以上，茎微黄色，花淡黄或白色，花期 4—5 月，常见于松栎林下；分布于云南西北部。

在这几种天麻中，红天麻种子发芽率和产量高，适应性和耐旱性强；乌天麻块茎繁殖率、种子发芽率和产量均较低，但含水量低，干品质量好，因此红天麻和乌天麻均是较常栽培的优良品种，其中红天麻栽培最为广泛。而绿天麻品质虽好，但较为稀少。

### 1.3.3 商品天麻的分级

商品麻要及时出售或加工干制。天麻干燥块茎呈长椭圆形，扁缩稍有弯曲，一般长 5 ~ 13 cm、宽 2 ~ 6 cm、厚 1 ~ 3 cm；顶端有红棕色芽孢或残留茎基，下端有圆脐形疤痕；表面黄白色或淡黄棕色，有纵皱纹及沟纹，具环节，上有点状斑痕或膜质鳞叶，并可见棕褐色菌

---

注：①实为质量，包括后文的重量、恒重等。但现阶段我国农林畜牧等行业的生产、科研实践中一直沿用，为使读者了解、熟悉行业实际，本书予以保留。——编者注

索；质坚实，半透明，不宜折断，断面较平坦。加工的饮片薄而透明，故称明天麻。

要提高天麻的商品价值，可从三个方面着手将工作做细：第一，严格分级。每次熟制、烘干的操作，只用一个规格的天麻，以便于掌握火候和操作。第二，将麻体洗净后，使用滚皮机将天麻的粗糙外表、斑点等脱掉。第三，烘制过程中，麻体皮下会有气泡突起，可使用极细的竹针扎破放气，并随之抚平压平整。加工后的天麻按商品质量规格进行分级，不同等级商品价格相差悬殊，一般商品干天麻分为五个等级，具体分级与质量要求如下：

特等：干货；呈长椭圆形；扁缩弯曲，去净栓皮；表面黄白色，有横环纹，顶端有残留茎基或红黄色的枯芽；末端有圆盘状的凹脐形疤痕，质坚实、半透明、断面角质白色；味甘微辛；每千克 16 个以内，无空心、枯炕、杂质、虫蛀或霉变。

一等：干货；呈长椭圆形；扁缩弯曲，去净栓皮；表面黄白色，有横环纹，顶端有残留茎基或红黄色的枯芽；末端有圆盘状的凹脐形疤痕，质坚实、半透明、断面角质白色；味甘微辛；每千克 26 个以内，无空心、枯炕、杂质、虫蛀或霉变。

二等：干货；呈长椭圆形；扁缩弯曲，去净栓皮；表面黄白色，有横环纹，顶端有残留茎基或红黄色的枯芽；末端有圆盘状的凹脐形疤痕，质坚实、半透明、断面角质白色；味甘微辛；每千克 46 个以内，无空心、枯炕、杂质、虫蛀或霉变。

三等：干货；呈长椭圆形；扁缩弯曲，去净栓皮；表面黄白色，有横环纹，顶端有残留茎基或红黄色的枯芽；末端有圆盘状的凹脐形疤痕，质坚实、半透明、断面角质白色；味甘微辛；每千克 90 个以内，大小均可，无枯炕、杂质、虫蛀或霉变。

四等：干货；每千克 90 个以上，且不符合一、二、三等的碎块、空心及未去皮者均属此等；无杂质、虫蛀或霉变。

## 参考文献

[1] 尚志钧. 神农本草经校注[M]. 北京：学苑出版社，2008.

[2] 张维经，李碧峰. 天麻与蜜环菌的关系概述[J]. 西北大学学报（自然科学版），1977（2）：57-63.

[3] 陈安华. “赤箭”功用考[J]. 吉林中医药，1989（2）：36-36.

[4] 徐锦堂. 对当前中药材栽培研究的几点意见[J]. 中国医学科学院学报，2001（6）：540-541.

[5] 杨启德. 天麻[J]. 成都中医学院学报，1983（3）：62-63.

[6] 中国植物志编纂委员会. 中国植物志（第 18 卷）[M]. 北京：科学出版社，2001：254.

[7] 周铉，陈心启. 国产天麻属植物的整理[J]. 植物分类与资源学报，1983，5（4）：363-368.

[8] 邢康康，张植玮，涂永勤，等. 天麻的生物学特性及其栽培中的问题和对策[J]. 中国民族民间医药，2016，25（14）：29-31.

[9] 刘炳仁. 天麻高产栽培技术[M]. 上海：上海科学技术文献出版社，1992.

[10] 李景惠. 天麻生长所需的环境条件[J]. 特种经济动植物，2002，5（12）：29-29.

[11] 曾勇，蔡传涛，刘贵周，等. 不同海拔两种天麻仿野生栽培下产量和品质变化[J]. 植物科学学报，2011，1（5）：637-643.

[12] 段宁，卢学琴. 干旱对天麻产量的影响[J]. 中药材，2006，29（1）：3-5.

[13] 李昌华.长白山露水河施业区的土壤条件及其与林型分布和林木生长的关系[J]. 林业科

学，1963，8（2）：93-104.
[14] 赵施迪，张博华，杨德才. 天麻仿野生种植区菌材树种选择与森林资源保护对策研究[J]. 资源开发与市场，2015，31（6）.
[15] 蔡戟. 天麻生长的自然环境及其保护与发展[J]. 西藏医药，1977（2）：136-140，142.
[16] 张彩玲. 中药天麻古今谈[J]. 陕西中医学院学报，1981（3）.
[17] 卢进，丁德容. 天麻的本草考证[J]. 中药材，1994（12）：34-36.
[18] 龚文玲，詹志来，江维克，等. 天麻本草再考证[J]. 中国现代中药，2018.
[19] 朱艳玲，郭瑞华. 天麻四性变迁的本草考证[J]. 山东中医药大学学报，2011，35（5）：423-424.
[20] 黄斌.《集验方》“天麻草”的考证[J]. 中药材，1989，12（6）：39-40.
[21] 周铉. 天麻生活史[J]. 植物分类与资源学报，1981，3（2）：179-202.
[22] 张嘉硕. 天麻产业的培育与产品开发[C]//银龄睿智——为“十一五”规划建言献策论文选编，2006.
[23] 国家药典委员会. 中华人民共和国药典：一部[S]. 北京：中国医药科技出版社，2015：58.
[24] CHEN L, LIU X, WANG H, et al. Gastrodin attenuates pentylenetetrazole-induced seizures by modulating the mitogen-activated protein kinase-associated inflammatory responses in mice[J]. Neuroscience bulletin, 2017, 33(3): 264-272.
[25] 孙明祎. 天麻钩藤饮对原发性高血压患者血压变异性及血管内皮保护机制作用研究[J]. 长春中医药大学学报，2019，35（2）：261-263.
[26] 金·李东垣. 脾胃论：下卷[M]. 北京：人民卫生出版社，2005：73.
[27] 孙文奇，朱君波. 药酒验方选[M]. 太原：山西科学教育出版社，1985：46.
[28] 梁嘉莹. 天麻多糖润肤霜工艺配方研究[J]. 化工管理，2017（2）：201.
[29] 昝丽霞，王宇，胡琳琳，等. 天麻多糖在润肤霜中的应用[J]. 陕西理工学院学报（自然科学版），2016，32（3）：53-57+64.
[30] 中国科学院中国植物志编辑委员会. 中国植物志[M]. 北京：科学出版社，1991：29-39.

# 2 天麻有效成分分析

天麻除含有初级代谢产物外，还含有天麻素、对羟基苯甲醇等多种具有药用和保健功能的成分（C. L. Hsieh 等，1999）。但是这些成分含量偏低，需要采用提取、分离和纯化等技术手段进行测定或开发。本章探究了天麻所含有效成分种类、含量以及检测方法，总结了其关键活性成分——天麻素的提取和检测方法。

## 2.1 天麻化学成分

天麻的主要化学成分有天麻素、天麻糖苷、酚和酚类糖苷、多糖等十余种（李德勋等，2007）。随着分析检测技术的不断进步，越来越多的成分被发现。

### 2.1.1 酚类化合物及苷类

从天麻中分离得到的酚类化合物有 40 多种，其中包括含有一个苯环的化合物（表 2-1）和含两个及以上苯环的化合物（表 2-2）（冯孝章等，1979）。

表 2-1 天麻中含有一个苯环的化合物

| 序号 | 中文名 | 英文名 |
|---|---|---|
| 1 | 香荚兰醇 | vanillylaleohol |
| 2 | 香荚兰醛 | vanilline |
| 3 | 对羟基苯甲醇 | *p*-hydroxybenzylalcohol |
| 4 | 对羟基苯甲醛 | *p*-hydroxybenzaldehyde |
| 5 | 3,4-二羟基苯甲醛 | 3,4-dihydroxybenzaldehyde |
| 6 | 对羟苄基乙基醚 | *p*-hydroxybenzylethylether |
| 7 | 对羟苄基甲醚 | 4-hydroxybenzylmethylether |
| 8 | 邻苯二甲酸二甲酯 | dimethylphthalate |

续表

| 序号 | 中文名 | 英文名 |
| --- | --- | --- |
| 9 | 苯甲醇 | benzylalcohol |
| 10 | 香荚兰酸 | vanillic acid |
| 11 | 对甲氧基苄基乙醚 | *p*-methoxybenylethylether |
| 12 | 对甲基苯基-1-O-*β*-D-吡喃葡萄糖苷 | *p*-methylphenyl-1-O-D-glucopyranoside |
| 13 | 3,5-二甲氧基苯甲酸-4-O-*β*-D-吡喃葡萄糖苷 | 3,5-dimethoxybenzoicacid-4-O-*β*-D-glucopyranoside |
| 14 | 对羟基苄基-1-O-*β*-D-吡喃葡萄糖苷 | 4-hydroxybenzyl-*β*-D-glucopyranoside |
| 15 | 1-异阿魏酸-*β*-D-吡喃葡萄糖苷 | 1-isoferuloyl-*β*-D-glucopyranoside |

资料来源：冯孝章，陈玉武，杨峻山等，1979。

表 2-2　天麻中含两个及以上苯环的化合物

| 序号 | 中文名 | 英文名 |
| --- | --- | --- |
| 1 | 4,4'-二羟基二苯基甲烷 | 4,4'-dihydroxydibenzylmethane |
| 2 | 4,4'-二羟基二苄基醚 | 4,4'-dihydroxydibenzylether |
| 3 | 天麻醚苷 | gastrodeoside |
| 4 | 2,2'-亚甲基双-（4-甲基-6-叔丁基苯酚） | 2,2'-methylene-bis (6-tert-butyl-4-methylphenl ) |
| 5 | 对羟基苄氧基苯甲醇 | *p*-hydroxybenyloxybenzlalcohol |
| 6 | 3,5-二甲氧基苯甲酸-4-O-*β*-D-吡喃葡萄糖苷 | 3,5-dimethoxyben-zoicacid-4-O-*β*-D-glucopyranoside |
| 7 | 4,4'-二羟基二苄基亚砜 | 4,4'-dihydroxybenzylsulfoxide |
| 8 | 天麻羟胺 | gastrodamine |
| 9 | 硫化二对羟基苄 | bis-(4-hydroxybenzyl) sulfide |
| 10 | 4,4'-二羟基二苄基砜 | 4,4'-dihydroxybenzylsulfone |

资料来源：周俊，浦湘渝，杨雁宾等，1979。

### 2.1.2　有机酸及酯类

从天麻中分离得到的有机酸及酯类化合物有 10 多种，其中柠檬酸、琥珀酸和棕榈酸在植物中较为常见。从天麻中分离得到的有机酸及酯类见表 2-3（周俊，杨雁宾等，2005）。

表 2-3　天麻中有机酸及酯类化合物

| 序号 | 中文名 | 英文名 |
| --- | --- | --- |
| 1 | 棕榈酸 | palmitic acid |
| 2 | 柠檬酸 | citric acid |
| 3 | 琥珀酸 | succinic acid |
| 4 | *β*-苯丙烯酸 | *trans*-3-phenylacrylic acid |
| 5 | 单硬脂酸甘油酯 | 6-methylcitrate |

续表

| 序号 | 中文名 | 英文名 |
| --- | --- | --- |
| 6 | 柠檬酸单甲酯 | citricacidmonomdtylester |
| 7 | 柠檬酸双甲酯 | 1,5-dimethylcitrateester |
| 8 | 丙三醇-1-软脂酸单酯 | propanetriol-1-palmicacidester |
| 9 | 巴利森苷 | tri-[4-(β-D-glucopy-ranosyloxy) benzyl]citrate |
| 10 | 巴利森苷 B | 1,2-bis[4-(β-D-glucopyranosyloxy) benzyl]citrate |
| 11 | 巴利森苷 C | 1,3-bis[4-(β-D-glucopyranosyloxy) benzyl]citrate |
| 12 | 间羟基苯甲酸 | *m*-hydroxybenzoic acid |
| 13 | 丁香酸 | syringic acid |
| 14 | 原儿茶酸 | protocatechuic acid |

资料来源：周俊，杨雁宾，杨崇仁，黄占波，宋冬梅，陈发奎等，2005。

### 2.1.3 天麻素

天麻素又称天麻苷，化学名称为 4-羟基苯-β-D-吡喃葡萄糖苷半水化合物，常温下为白色结晶性粉末，易溶于水、甲醇、乙醇、丙酮和热乙酸乙酯，难溶于乙醚。天麻素用苦杏仁酶水解，可得对羟甲基苯醇苷元。天麻素是天麻发挥其药理活性最主要的成分，在天麻中的含量高达 0.33%～0.67%，是其能清除自由基、抗衰老、扩张血管、调节血管渗透性、防止动脉硬化、利尿、抗菌消炎以及抑制肿瘤细胞等药理功能的主要物质基础。不同研究者因为采样月份和地点的不同，所测得天麻中天麻素含量有一定差异。

### 2.1.4 天麻的挥发性成分

国内外学者对天麻的挥发性成分做了比较系统的分析（表 2-4），主要含有酚类及其苷类、有机酸类、甾醇类、含氮类及多糖类化合物（谢笑天，李海燕，王强等，2004）。对天麻素的研究、应用最早且最多（汪军玲，周本宏等，2009），而对天麻挥发性成分的研究甚少，仅贵州大学关萍等（2008）用水蒸气蒸馏提取法对产自贵州大方的天麻进行过挥发性成分分析的报道。本研究首次通过溶剂回流提取结合气相色谱-质谱联用技术对陕西宁强、湖北宜昌、云南昭通三个不同产地红天麻挥发性成分进行研究，为天麻的全面开发利用提供依据。

表 2-4　不同产地的天麻挥发性成分的组成分析

| 序号 | 化合物 | 面积占比/% | | | 保留时间/min |
| --- | --- | --- | --- | --- | --- |
| | | 湖北宜昌 | 陕西宁强 | 云南昭通 | |
| 1 | 对甲基苯酚 | 33.85 | 0.12 | — | 14.76 |
| 2 | 4-甲氧甲基苯酚 | 0.23 | — | — | 21.54 |
| 3 | 4-羟基苯甲醇 | 41.47 | 11.45 | 0.31 | 22.72 |

续表

| 序号 | 化合物 | 面积占比/% | | | 保留时间/min |
|---|---|---|---|---|---|
| | | 湖北宜昌 | 陕西宁强 | 云南昭通 | |
| 4 | 对羟基苯甲醛 | 31.56 | 0.33 | — | 23.18 |
| 5 | 4-乙氧甲基苯酚 | 30.79 | — | — | 23.35 |
| 6 | 香草醛 | 30.12 | — | — | 24.13 |
| 7 | 2,4-二叔丁基苯酚 | — | — | 0.09 | 26.98 |
| 8 | 正十八醛 | 20.16 | — | — | 31.84 |
| 9 | 9-十六碳烯酸 | 20.32 | — | — | 36.45 |
| 10 | 正十六烷酸 | 33.02 | 66.19 | 77.93 | 36.98 |
| 11 | 十七烷酸 | — | — | 0.12 | 38.78 |
| 12 | 亚油酸 | 114.47 | 225.62 | 224.23 | 40.12 |
| 13 | 油酸 | 66.67 | 77.63 | — | 40.64 |
| 14 | 十八碳烷酸 | 0.58 | 11.21 | — | 41.26 |
| 15 | 二十二烷 | 0.64 | — | — | 41.36 |
| 16 | 二十烷 | 11.18 | — | — | 42.83 |
| 17 | 十七烷 | 11.54 | — | — | 44.07 |
| 18 | 二十四烷 | 0.72 | — | — | 44.08 |
| 19 | 2,2'-亚甲基双-（4-甲基-6-叔丁基苯酚） | — | 0.1 | 0.17 | 44.12 |
| 20 | 9,12-十八碳二烯酸 | 11.45 | 11.71 | 0.57 | 44.26 |
| 21 | 亚麻醇 | — | 0.26 | — | 44.41 |
| 22 | 孕甾-5-烯-3,20-二酮 | 11.02 | 0.49 | — | 44.45 |
| 23 | 双环［10．1．0］十三碳-1-烯 | 22.50 | 22.12 | 11.25 | 44.78 |
| 24 | 4,5,7-三甲氧基-3-苯基-香豆素 | — | 0.74 | — | 45.92 |
| 25 | 角鲨烯 | 11.10 | 0.45 | 11.23 | 47.93 |
| 26 | 豆甾烷-3,5-二烯 | 33.43 | 22.10 | 11.86 | 51.16 |
| 27 | 菜油甾醇 | — | 0.80 | 0.67 | 53.44 |
| 28 | 豆甾醇 | — | 0.63 | 0.46 | 53.96 |
| 29 | $\gamma$-谷甾醇 | 339.18 | 334.89 | 440.23 | 55.26 |
| 30 | $\beta$-谷甾醇 | 0.25 | 0.19 | — | 55.75 |

注：“—”代表未检出。

3个不同产地红天麻的挥发性成分主要为甾醇类、有机酸类和烯烃类化合物，7种主要成分（4-羟基苯甲醇、n-十六烷酸、亚油酸、双环十三碳-1-烯、角鲨烯、豆甾烷-3,5-二烯和$\gamma$-谷甾醇）相同，其中$\gamma$-谷甾醇含量最高，均大于30.0%。$\gamma$-谷甾醇是$\beta$-谷甾醇的$C_{24}$位异构体，$\beta$-谷甾醇的24位碳是$\beta$构型的，而$\gamma$-谷甾醇的24位碳是$\alpha$构型（盛漪，谷文英等，2002）。研究表明，$\gamma$-谷甾醇具有降血糖和抗癌活性（Khanmr，1999）。此外，含量较高的亚油酸，具有降低血脂，降低血液黏稠度及抑制 MiaPaCa2 人胰腺癌细胞的增殖、迁移、促进其凋亡等作用（杨军等，1998；陈传贵，2009）。

### 2.1.5 无机元素

天麻中含有多种微量元素，其中 Fe 含量较高，Cu、Mn、Zn、I 次之。研究发现，不同地区产的天麻其化学成分种类和含量有差异。P、B、N、K、Cu、Mn、Fe、Mg 等 8 种元素是天麻的特征元素，天麻中 K 和 N 含量高且相对稳定（李金玲，赵致，刘洪昌等，2015）。

### 2.1.6 其他成分

除酚类、有机酸和甾体外，天麻中还含有其他化合物，包括多糖类、呋喃醛类、腺苷类、氨基酸及多肽等。

1. 多　糖

早在 20 世纪 80 年代，就有研究从天麻正丁醇萃取部位分离得到蔗糖，继而证实天麻中含有的天麻多糖为葡聚糖（周俊，冯孝章等，1979）。胡梅清等研究发现天麻中含有匀多糖，是一种由葡萄糖分子组成的匀多糖。此后，有学者在天麻中分离出 3 种杂多糖 GE-Ⅰ、GE-Ⅱ、GE-Ⅲ，均为白色粉末，且均有细胞免疫活性；还分离得到肿根糖 A（宋振玉，王莉等，2009）。

2. 呋喃醛类

Yun-Choi 等（1997）报道分离得到蓟醛。张伟等（2010）报道分离出 5-羟甲基-2-呋喃甲醛。

3. 腺苷类

黄占波等（2005）报道分离出腺苷。Huang 等（2006）报道分离出 N6-(4-羟基苄基)-腺苷。Wang 等（2007）分离得到天麻核苷即 N2-(对羟苄基)-鸟苷。

4. 二　酮

张伟等（2010）在天麻正丁醇萃取物中分离得到 7,8-二甲苯基蝶啶-2,4(1H, 3H)-二酮。李志锋等（2014）在天麻 50%乙醇提物中分离得到 1-furan-2-yl-2-(4-hydroxy-phenyl)-ethane-1,2-dione，命名为天麻呋喃二酮。

5. 氨基酸及多肽

包括硫-(4-羟苄基)-谷胱甘肽[S-(4-hydroxybenzyl)-giutathione]（Anderssonm, 1995）、L-焦古氨酸（L-pyroglutamic acid）（郝小燕等，2000）、赛比诺啶-A（3,5-dihydroxy-1,4-phenanthraquinone）和 $\alpha$-乙酰胺基-苯丙基-$\alpha$-苯甲酰胺基-苯丙酸酯（肖永庆，李丽等，2002）。从天麻的顶生块茎中分离并纯化得到了一种抗真菌蛋白（GAFP），通过实验证明该蛋白为碱性蛋白，有强抗木霉菌丝生长的活性，并测得该蛋白为多肽单链（胡忠等，1988）。

## 2.2 天麻化学成分含量测定

天麻的主要活性成分有天麻素、天麻苷元等苷类化合物和对羟基苯甲醇、对羟基苯甲醛、柠檬酸等，对其进行含量分析可以判断其品质，也可以对生产中适时采收和质量控制体系的建立提供帮助。

### 2.2.1 样品处理

取新鲜天麻，根据重量大小分 4 个等级分档后，水洗除去泥土及表面脏物，放于蒸笼中蒸制不同时间：以单个天麻质量计，小于 75 g 的天麻蒸制 10 min；介于 75 ~ 150 g 的天麻蒸制 20 min；介于 150 ~ 300 g 的天麻蒸制 30 min；大于 300 g 的天麻蒸制 35 min。鲜天麻以蒸至透心为度，取出，将天麻药材置于 55 °C 电热恒温鼓风干燥箱中干燥，期间取出发汗 2 次，最终天麻水分在 15%以下时取出，磨粉，过 80 目筛，冷冻保存备用（季德，宁子琬，张雪荣等，2016）。

测定前，将天麻粉放入干净的铝盒中，置于 80 °C 鼓风干燥箱中干燥（8 h 以上），再移入干燥器内，供实验用。

### 2.2.2 化学成分含量测定

#### 2.2.2.1 多糖含量的测定

1. 标准溶液制备

取经 105 °C 干燥至恒重的无水葡萄糖对照品 33m g，精密称定，置于小烧杯中，加适量水溶解，转移入 100 mL 容量瓶中，用少量水洗涤烧杯，洗液一并转入容量瓶中，加水稀释至刻度，摇匀，即得（每 1 mL 中含无水葡萄糖 0.33 mg）（陈琛等，2018）。

2. 标准曲线绘制

精密量取对照品溶液 0 mL、0.1 mL、0.2 mL、0.3 mL、0.4 mL、0.5 mL、0.6 mL，分别置 10 mL 具塞刻度试管中，分别加水 2 mL、1.9 mL、1.8 mL、1.7 mL、1.6 mL、1.5 mL、1.4 mL，摇匀，冰水浴中缓缓滴加（大概 7 min 滴加完 8 mL）0.2%蒽酮-硫酸（0.2 g 蒽酮加入 100 mL 浓硫酸中，搅拌均匀）各 8 mL，混匀，放冷后置 80 °C 水浴中保温 10 min，取出，立即置冰水浴中冷却 10 min。取出，以相应试剂为空白，在 582 nm 波长处测定吸光度。以吸光度为纵坐标、浓度为横坐标，绘制标准曲线。

3. 多糖含量测定

取 80 °C 干燥至恒重的本品细粉约 0.25 g，精密称定，置圆底烧瓶中，加 80%乙醇 150 mL，置水浴中加热回流 1 h，趁热过滤，残渣用 80%热乙醇洗涤 3 次，每次 10 mL，将残渣及滤纸置烧瓶中，加水 150 mL，置沸水浴中加热回流 1 h，趁热过滤，残渣及烧瓶用热水洗涤 4 次，每次 10 mL，合并滤液与洗液，放冷，转移至 250 mL 容量瓶中，加水至刻度，摇匀。精密量取 1 mL，置 10 mL 具塞干燥试管中，照标准曲线的制备项下的方法，自“加水”起，依法测定吸光度，从标准曲线上读出供试品溶液中含无水葡萄糖的重量，计算即得。

#### 2.2.2.2 蛋白质含量测定

1. 标准溶液制备

（1）100 μg/mL 牛血清蛋白标准溶液的制备：精确称取 10 mg 牛血清蛋白，用蒸馏水溶解，定容至 100 mL，摇匀即得。

（2）考马斯亮蓝 G-250 溶液的制备：精确称取 100 mg 考马斯亮蓝 G-250，将其置于 250 mL 烧杯中，加入 50 mL 95%乙醇进行溶解，确认完全溶解后加入 100 mL 85%（*V*/*V*）磷酸，用玻璃棒充分搅拌均匀，后倒入 1000 mL 容量瓶中，烧杯再用蒸馏水洗 3 次，洗液一并倒入容量瓶中，定容至 1000 mL，摇匀。溶液最后浓度是 0.01%（*W*/*V*）考马斯亮蓝 G-250，4.7%（*V*/*V*）乙醇以及 8.5%（*V*/*V*）磷酸，然后用滤纸过滤，滤液置于棕色瓶中备用。

2. 标准曲线绘制

精确吸取牛血清蛋白溶液 0.0、0.2、0.4、0.6、0.8、1 mL，分别置于 6 个 10 mL 具塞刻度试管中，先分别加蒸馏水 1、0.8、0.6、0.4、0.2、0.0 mL，摇匀，然后再分别加入 5 mL 考马斯亮蓝 G-250 溶液，置于避光处反应 3 ~ 8 min。再用分光光度计在 595 nm 处测定吸光度值。以吸光度（$y$）为纵坐标、浓度（$x$）为横坐标绘制标准曲线，得到回归方程。

3. 蛋白质含量的测定

准确称取于 80 °C 干燥箱烘干至恒重的天麻样品粉 0.1 g，放入干净且干燥的研钵中，向研钵中加入适量磷酸缓冲液（先称定 31.2 g 磷酸二氢钠，将其定容至 1000 mL，制成的溶液为 A 液；再称 71.6 g 磷酸氢二钠，定容至 1000 mL，制成的溶液为 B 液，所需缓冲液配比为 A 液、B 液体积比=38∶62），研磨至匀浆状，将其转入抽滤瓶中用定性滤纸进行抽滤，滤液倒入 25 mL 容量瓶，滤瓶用磷酸缓冲液洗 3 次，将洗液一并转入容量瓶中，用磷酸缓冲液定容至刻度，取出 1 mL 加入 25 mL 具塞试管中，然后再加入 5 mL 考马斯亮蓝 G-250 溶液。充分摇匀后，于 595 nm 处测得吸光度，取 3 组吸光度的平均值代入标准回归方程中，即知所测天麻样品中蛋白质的含量（杨玉芳，2007）。

#### 2.2.2.3 天麻素含量测定

天麻药理功能的主要有效成分天麻素现已能人工合成。天麻素测定方法有很多，包括高效液相色谱测定法、紫外分光光度法、薄层色谱扫描法、二阶导数分光光度法及其他分析方法，其中尤以高效液相色谱法较为常用。

高效液相色谱法是天麻中天麻素含量测定的常用方法，是利用高压输液泵将具有不同极性的单一溶剂或不同比例的混合溶剂、缓冲液等流动相泵入装有固定相的色谱柱，经进样阀注入待测样品，由流动相带入柱内，在柱内各成分被分离后，依次进入检测器进行检测，从而实现对试样的分析。从高效液相色谱测定法应用过程来看，其具有高效、快速、灵敏和范围广等优点。

1. 色谱条件

色谱柱为 Wondasil TMC 18 柱，以乙腈-0.05%磷酸溶液（3∶97）为流动相；检测波长为 220 nm。进样体积为 5 μL。理论板数按天麻素峰计算应不低于 5000。

2. 对照品溶液制备

取天麻素对照品、对羟基苯甲醇对照品适量，精密称定，加乙腈-水（3∶97）混合溶液制成每 1 mL 含天麻素 50 μg、对羟基苯甲醇 25 μg 的混合溶液，即得（袁胜浩等，2008）。

3. 供试品溶液制备

取干燥至恒重的天麻粉约 2 g，精密称定，置具塞锥形瓶中，精密加入稀乙醇（乙醇 529 mL，加水稀释至 1000 mL）50 mL，称定重量，超声处理（功率 120 W，频率 40 kHz）30 min，放冷，再称定重量，用稀乙醇补足减失的重量，过滤，精密量取续滤液 10 mL，浓缩至近干无醇味，残渣加乙腈-水（3∶97）混合溶液溶解，转移至 25 mL 容量瓶中，用乙腈-水（3∶97）混合溶液稀释至刻度，摇匀，过滤（0.22 μm 微孔滤膜），取续滤液即得。

4. 测定法

分别精密吸取对照品溶液与供试品溶液各 5 μL，注入高效液相色谱仪，测定，即得。

### 2.2.2.4　灰分测定

1. 总灰分含量测定

将配套的坩埚洗净晾干，放到高温炉内，在 (550±20) °C 下灼烧 30 min，待冷却到 300 °C 时取出，再放入干燥器中冷却至室温（大约 30 min），称其重量（精确至 0.0001 g），再重复上述方法灼烧、冷却、称量，直到前后两次重量之差小于 0.003 g 即为恒重，取最后两次重量的平均值。

称取 3 份 3 ~ 5 g 已处理的样品（精确到 0.0001 g），放入已经恒重的坩埚中，在电炉上小心炭化，在炭化过程中，应在较低温度下加热灼烧至无烟，然后升温灼烧至样品无炭粒，再用坩埚钳夹取放到马弗炉中（过程中注意坩埚钳夹放位置不可触及样品），在 (550±20) °C 下灼烧 3 h，关闭马弗炉，等到炉内温度降到 300 °C 时，取出，放入干燥器中冷却 30 min，称取重量，再同样重复灼烧 1 h，冷却，称量。再放入马弗炉中灼烧 30 min，取出，冷却，称量，直到前后两次称量之差不超过 0.001 g 为止。取两次称量的平均值。

样品总灰分含量以干态质量分数（%）表示，在重复条件下同一样品的测定结果绝对值差不超过算术平均值的 5%。计算公式如下：

$$\text{总灰分含量（\%）} = \frac{m_2 - m_1}{m_0 \times w} \times 100\%$$

式中　$m_2$——灼烧至恒重的坩埚与样品的质量，g；

$m_1$——坩埚的质量，g；

$m_0$——称取的样品质量，g；

$w$——试样干物质含量（质量分数），%。

2. 水不溶性灰分含量测定

用 25 mL 沸蒸馏水，将 3 份总灰分从坩埚内洗入 3 个洁净的 100 mL 烧杯中，于沸水浴中加热至微沸（注意防溅），趁热用无灰滤纸过滤，用沸蒸馏水洗涤烧杯和滤纸上的残留物数次，直到洗液与滤液体积约达 150 mL，将滤纸与残渣一同移入原坩埚中，干燥，再移入马弗炉内以 (550±20) °C 灼烧至无炭粒（一般需要 1 h），等炉温降到 300 °C 时，小心取出坩埚，放入干燥器中，冷却至常温（约需 30 min），称重（准确至 0.0001 g），再将其放到高温炉中以 (550±20) °C 灼烧 30 min，重复上述操作步骤，直到前后两次称量之差不超过 0.001 g 时为恒重，取两次称量的平均值。

天麻水不溶性灰分含量以干态质量分数（%）表示，在重复条件下同一样品的测定结果绝对值差不超过算术平均值的 5%。计算公式如下：

$$\text{水不溶性灰分含量（\%）} = \frac{m_2 - m_1}{m_0 \times w} \times 100\%$$

式中 $m_2$——坩埚与水不溶性灰分的质量，g；

$m_1$——坩埚的质量，g；

$m_0$——称取的样品质量，g；

$w$——试样干物质含量（质量分数），%。

3. 酸不溶性灰分含量测定

用 25 mL 10%盐酸将上述 3 份总灰分分别分次洗入 3 个 100 mL 烧杯中，覆盖表面皿，在沸水浴中小心加热，直到溶液由浑浊变为透明时，再继续加热 5 min，趁热用无灰滤纸过滤，用少量沸蒸馏水反复洗涤烧杯以及滤纸上的残留物，直至其不显氯化物反应，再将滤纸连同滤渣移入原坩埚中，干燥至坩埚中无明显水分，将其移入高温马弗炉内，以 (550±20) °C 灼烧至无炭粒（一般需要 1 h），待炉温降到 300 °C 时，取出坩埚，放入干燥器中，冷却至常温（约 30 min），称重（准确至 0.0001 g），再放到高温炉中以 (550 °C±20) °C 灼烧 30 min，重复上述操作步骤，直到前后两次称量之差不超过 0.001 g 时为恒重，取两次称量的平均值。

样品酸不溶性灰分含量以干态质量分数（%）表示，在重复条件下同一样品的测定结果绝对值差不超过算术平均值的 10%。计算公式如下：

$$\text{酸不溶性灰分含量（\%）} = \frac{m_2 - m_1}{m_0 \times w} \times 100\%$$

式中 $m_2$——坩埚与酸不溶性灰分的质量，g；

$m_1$——恒重坩埚的质量，g；

$m_0$——称取的样品质量，g；

$w$——样品干物质含量（质量分数），%。

### 2.2.2.5 含水量测定

取洗净的铝盒，放入 105 °C 干燥箱内，盒盖倾斜放开盖在铝盒上，干燥 1 h 后取出盖好，置于干燥器内冷却 30 min，称量。再重复上述步骤，干燥至前后两次称量差不超过 0.002 g，即为铝盒恒重。

取冷藏保存的天麻粉样品，称量 2.9999 g（精确到 0.0001 g），装入已经恒重的铝盒中，放于 101 ~ 105 °C 的鼓风干燥箱中，盒盖斜支于盒边，干燥 2 ~ 4 h，盖好盖取出，放到干燥器内冷却 30 min 后称其重量。然后再放入干燥箱内继续干燥 1 h 左右，取出，放入干燥器内冷却 30 min 后称重，重复上述干燥步骤，直至前后两次称量之差不超过 0.002 g，即为恒重。

在三次重复条件下所获得的独立测定结果的绝对差值不得高于算术平均值的 10%。计算公式如下：

$$\text{含水量}(X)=\frac{m_1-m_2}{m_1-m_3}\times 100\%$$

式中 $X$——试样中含水量，g/100 g；

$m_1$——铝盒和样品的质量，g；

$m_2$——铝盒和样品干燥后的质量，g；

$m_3$——铝盒的质量，g；

100——单位换算系数。

## 2.3 天麻素提取

提高天麻素提取量对于天麻药材的高效利用具有重要意义。目前，天麻中天麻素的提取方法主要有传统浸提法、超声提取法、酶提取法、微波提取法和热回流提取法等。微波具有穿透力强、选择性高、加热效率高等特点。根据文献报道采用微波萃取中药黄芪和景天中有效成分，均收到良好的效果（王莉等，2001）。本节综合了天麻素提取方法，重点就其微波提取进行研究。

### 2.3.1 天麻素主要提取方法

#### 2.3.1.1 超声波提取法

超声波提取法是采用超声波辅助溶剂对中药材有效成分进行提取的一种方法。通过超声波产生高速、强烈的空化效应和搅拌作用来破坏植物药材的细胞，使溶液渗透到药材细胞中。这种方法的优点是可以增大物质分子运动频率和速度、缩短提取时间、提高提取率。此方法已成功应用于黄酮类、皂苷类、萜醌类、香豆素和木脂素类、生物碱类、有机酸类及多糖等有效成分的提取。

#### 2.3.1.2 破碎提取法

组织破碎提取法采用先进的破碎混合器在室温液体溶剂中利用高速破碎、高速研磨、高速搅拌和超分子渗透技术，对药材进行组织破碎、研磨至细微颗粒，从而达到快速提取的效果。此方法具有速度快、提取充分、不需要进行加热等显著优点，可以在提取过程中节约大量的操作时间，减少溶剂和原材料的损耗。

#### 2.3.1.3 空气爆破法

空气爆破法提取中药材有效成分是利用植物细胞组织中的空气受压缩后突然减压时释放出的强大冲击力，打破植物细胞壁，撕裂植物组织，使药材结构疏松，利于溶剂渗入药材内部，增加溶剂与药材的接触表面积。此方法有利于溶剂在药材颗粒内部运动和输送，促使其释放活性产物，提高提取效率。

#### 2.3.1.4 超临界流体萃取（SFE）

超临界流体萃取是一种以超临界流体作为萃取剂，对中药有效成分进行萃取和分离的方法。超临界流体是温度和压力同时高于临界值的流体，即压缩到具有接近液体密度的气体。二氧化碳是比较常用的超临界流体之一，可用于提取亲脂性、分子量小的物质，如挥发油、黄酮类及有机酚类、苷类及萜类、香豆素类、醌类及其衍生物等成分。

#### 2.3.1.5 微波辅助萃取（MAE）

微波辅助萃取是根据不同物质吸收微波能力的差异，使得基体物质的某些区域或萃取体系中的某些组分被选择性加热，从而使得被萃取物质与体系分离，进入介电常数较小、微波吸收能力相对差的萃取剂中，达到提取的目的。采用微波辅助萃取技术进行提取时，药材基体不会出现凝聚、焦化等现象。微波辅助萃取技术还具有选择性高、提取效率高及有效成分收率高等优点。

#### 2.3.1.6 树脂分离法

以天麻苷和天麻总苷的吸附量和洗脱率为考察指标，研究 AB-8 大孔吸附树脂分离纯化天麻中天麻苷和天麻总苷的工艺条件及参数。结果发现 AB-8 树脂对天麻苷吸附容量为 7.32 mg/g、对总苷吸附容量为 16.25 mg/g，洗脱率分别为天麻苷 96.77%、天麻总苷 96.25%，终产品中天麻总苷的纯度可达 18.96%。进而表明采用 AB-8 大孔吸附树脂分离纯化天麻中天麻苷和总苷是可行的，为天麻的开发应用奠定了一定的基础（李文兰等，2007）。

### 2.3.2 微波提取天麻素工艺优化

#### 2.3.2.1 材料与仪器

1. 材　料

天麻购自酒泉市洪洋中药材生态种植加工有限责任公司，天麻素对照品（纯度≥98.3%）

购于中国食品药品检定研究院；色谱分析用水为纯净水；乙腈（色谱纯，迪马公司）；乙醇、甲醇、二氯甲烷、磷酸（分析纯，国药集团化学试剂有限公司）；其余试剂均为分析纯。

2. 仪 器

粉碎机（FW-100 北京中兴伟业仪器有限公司）；集热式磁力搅拌器（DF-101S 巩义市予华仪器有限责任公司）；旋转蒸发仪（QG5200T 郑州自拓仪器设备有限公司）；高效液相色谱仪（LC-15C 日本岛津，配 SPD-15 型紫外检测仪）。

#### 2.3.2.2 提取方法

取天麻原药材，用万能粉碎机粉碎，粉末过筛，50 °C 干燥 2 h 备用。称取干燥天麻粉 10 g，加入一定量的乙醇，置于 500 mL 三颈烧瓶中，计算称量重量。浸泡 6 h 后，置于 MAS-II 型常压微波合成/萃取反应工作站中，装好冷凝管，按设计的实验方案因素探究进行微波提取。用与之匹配的体积分数乙醇补充损失的溶剂重量，摇匀，过滤。滤渣重新按照上步骤提取。合并多次提取液，减压浓缩，过 0.45 μm 的微孔滤膜，得供试品溶液。

#### 2.3.2.3 精密度实验

准确吸取对照品溶液 10 μL，在上述色谱条件下，重复进样 5 次，测定天麻素峰面积相对标准偏差 RSD 为 1.08%，结果表明仪器精密度良好。

#### 2.3.2.4 重现性实验

取同一供试品溶液 5 份，分别独立按供试品溶液制备方法制成样品溶液，在上述色谱条件下测定，测得 RSD 为 1.28%，结果表明方法重现性良好。

#### 2.3.2.5 稳定性实验

取同一供试品溶液，每隔 2 h 进样 10 μL，共测 6 次，以天麻素面积计算 RSD 为 1.27%，表明供试品溶液在 12 h 内稳定。

#### 2.3.2.6 提取工艺参数的单因素试验

1. 提取溶剂对微波法提取效果的影响

称取过 80 目药典筛的天麻粉，每份 10.00 g，共 7 份，分别加入不同体积分数溶剂，天麻粉、溶剂质量之比=1∶12，提取时间为 45 min，微波功率为 400 W，提取次数为 3 次/h，在微波反应提取装置中进行实验，结果如图 2-1 所示。

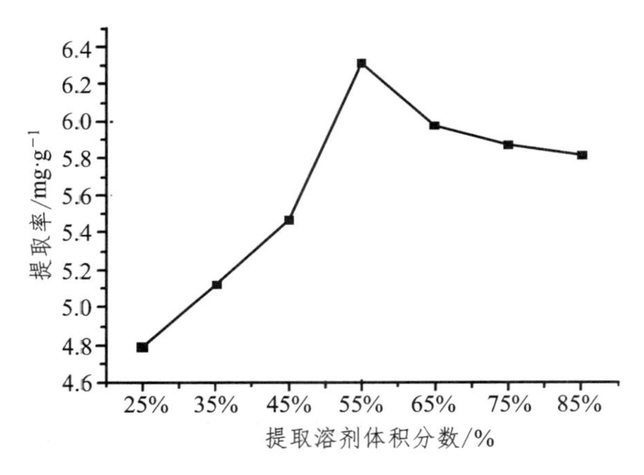


图 2-1　提取溶剂对提取率的影响

2. 微波功率对微波法提取效果影响

称取过 80 目筛天麻粉，每份 10.00 g，共 6 份，分别采用不同的功率进行实验，选用 55%乙醇为提取溶剂，天麻粉、溶剂质量之比=1∶12，提取时间为 45 min，提取次数为 3 次/h，在微波反应提取装置中进行实验，结果如图 2-2 所示。

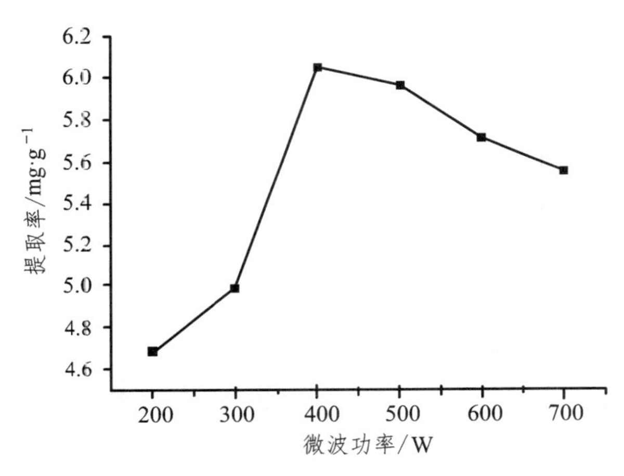


图 2-2　微波功率对提取率的影响

3. 天麻颗粒度对微波法提取效果影响

称取粉碎后的天麻粉，每份 10.00 g，共 6 份，分别采用不同孔径铜筛过筛后进行实验，选用 55%乙醇为提取溶剂，天麻粉、溶剂质量之比=1∶12，提取时间为 45 min，微波功率为 400 W，提取次数为 3 次/h，在微波反应提取装置中进行实验，结果如图 2-3 所示。

4. 提取时间对微波法提取效果的影响

称取过 80 目筛天麻粉，每份 10.00 g，共 6 份，分别采用不同的提取时间进行实验，选用 55%乙醇为提取溶剂，天麻粉、溶剂质量之比=1∶12，微波功率为 400 W，提取次数为 3 次/h，在微波反应提取装置中进行实验，结果如图 2-4 所示。

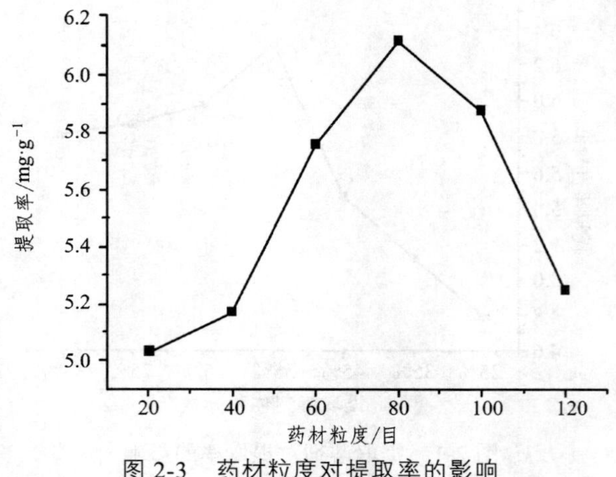


图 2-3　药材粒度对提取率的影响

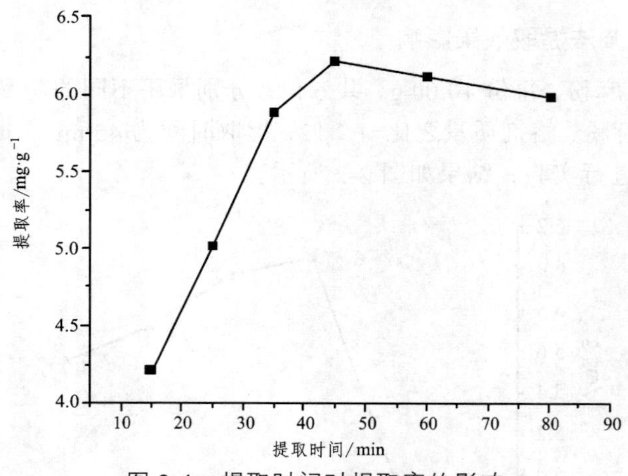


图 2-4　提取时间对提取率的影响

5. 料液比对微波法提取效果的影响

称取过 80 目筛天麻粉，每份 10.00 g，共 5 份，分别采用不同的料液比进行实验，选用 55%乙醇为提取溶剂，提取时间为 45 min，微波功率为 400 W，提取次数为 3 次/h，在微波反应提取装置中进行实验，结果如图 2-5 所示。

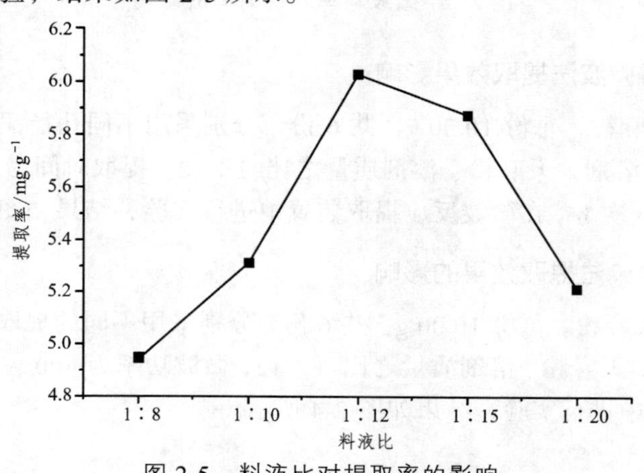


图 2-5　料液比对提取率的影响

6. 提取次数对微波法提取效果的影响

称取过 80 目筛的天麻粉，每份 10.00 g，共 5 份，分别采用不同的提取次数进行实验，选用 55%乙醇为提取溶剂，天麻粉、溶剂质量之比=1∶12，提取时间为 45 min，微波功率为 400 W，在微波反应提取装置中进行实验，结果如图 2-6 所示。

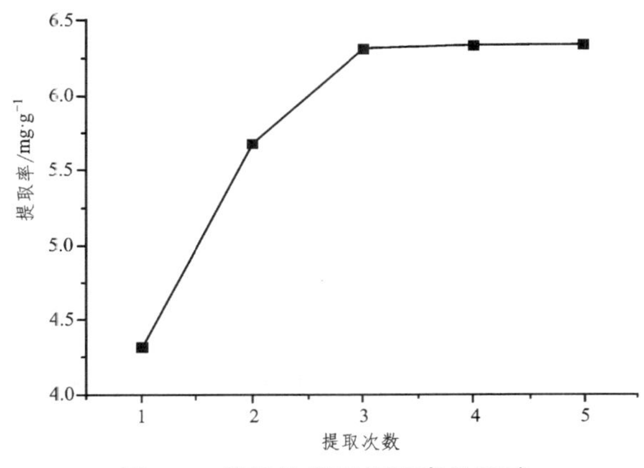


图 2-6　提取次数对提取率的影响

经单因素试验分析结果表明：选用 55%乙醇为提取溶剂，天麻的颗粒度为 80 目，天麻粉、溶剂质量之比=1∶12，提取时间为 45 min，微波功率为 400 W，提取次数为 3 次/h，在该条件下进行微波回流提取得到的天麻素提取率最高，天麻素提取率为 6.315 mg/g，达到了最佳效果。该方法相对于传统方法提取时间大大缩短，提取率较高，所采用绿色环保的乙醇水溶液为溶剂，同时实现溶剂回收再利用，通过实验的重复性和稳定性考察，说明试验设计与分析方法准确可靠，能为车间天麻的工业生产提供一定的科学依据和技术支持。另外鉴于实验条件的限制，无法确定 pH 影响天麻素提取含量的原因，且是否会影响其分子结构变化还有待进一步的研究，同时天麻中活性分子的分离纯化、结构鉴定也需要进一步研究。

## 2.4　天麻中多糖提取

### 2.4.1　多糖提取及含量测定方法

#### 2.4.1.1　天麻预处理

本实验采用蒸制法处理天麻样品。取质量为 100 g 左右的新鲜雪峰山天麻块茎，洗净，晾干水分后隔水蒸制 20 min，沥干切片，于 80 °C 热风烘干至恒重后粉碎，过筛，待测。

#### 2.4.1.2　提取工艺

1. 工艺流程

新鲜雪峰山天麻干净块茎→蒸制切片→80 °C 烘干恒重→粉碎至 80 目→天麻粉→超声波

提取→过滤→离心→上清液→蒸发浓缩→醇沉→离心取沉淀→低温烘干→天麻多糖

2. 条件优化

天麻粉置于烘箱中 80 °C 条件下烘干至恒重，粉碎并过 100 目筛，得到天麻粉后固定其他条件，分别考察料液比（1∶4、1∶8、1∶12、1∶16、1∶20）、提取温度（30、35、40、45、50 °C）、提取时间（10、20、30、40、50 min）对多糖产量的影响。

#### 2.4.1.3 多糖含量测定

1. 标准溶液配制

称取在 105 °C 下干燥至恒重的无水葡萄糖对照品 33 mg，精确称定，置于小烧杯中，加适量水溶解，转移入 100 mL 容量瓶中，用少量水洗涤烧杯，洗液一并转入容量瓶中，加水稀释至刻度线，摇匀，得到每 1 mL 含无水葡萄糖 0.33 mg 的标准溶液。

2. 标准曲线制作

精确吸取标准溶液 0 mL、1 mL、2 mL、3 mL、4 mL、5 mL、6 mL，分别置于 7 个 10 mL 具塞刻度试管中，先分别加蒸馏水 2 mL、1.9 mL、1.8 mL、1.7 mL、1.6 mL、1.5 mL、1.4 mL，摇匀，在冰水浴中缓慢滴加 0.2%的蒽酮-硫酸溶液（精确称取蒽酮 0.2 g，溶于 100 mL 浓硫酸中即可）8 mL，混匀，放冷后沸水浴 10 min，取出，立即置于冰水浴中冷却 10 min，取出。用分光光度计在 582 nm 处测定吸光度。

以吸光度（$y$）为纵坐标、葡萄糖浓度（$x$）为横坐标绘制标准曲线，得到回归方程：

$$y=3.6771x+0.0101 \quad r=0.9995$$

3. 多糖测定

精确称取在 80 °C 下干燥至恒重的天麻粉 0.25 g，置于圆底烧瓶中，加入 80%乙醇 150 mL，回流提取 1 h，回流水浴温度 100 °C。趁热过滤，残渣用 80%热乙醇洗涤 3 次，每次 10 mL，将残渣及滤纸置烧瓶中，加水 150 mL，置沸水浴中加热回流 1 h，趁热过滤，残渣及烧瓶用热水洗涤 4 次，每次 10 mL，合并滤液与洗液，放冷。转移至 250 mL 容量瓶中，加水至刻度，摇匀。精密量取 1 mL，置 10 mL 具塞干燥试管中，加蒸馏水 1 mL，摇匀，再在冰浴中缓慢滴加 0.2%蒽酮-硫酸溶液 8 mL，混匀，放冷后置于沸水浴中加热 10 min，取出，立即置于冰水浴中冷却 10 min，用分光光度计在 582 nm 处测定吸光度。重复 3 组，取平均值。根据标准曲线，即可求得样品中多糖的含量。计算公式如下：

$$\text{样品含量（\%）}=\frac{C\times V_{总}\times n}{W\times V_{测}\times 10^{6}}\times 100\%$$

式中 $C$——有标准曲线上得到的多糖含量，μg/mL；

$V_{总}$——提取液的总体积（250 mL）；

$V_{测}$——测定时取用样品的体积（1 mL）；

$n$——稀释倍数；

$W$——样品质量，g；

$10^6$——样品质量单位由 g 换算成 μg 的换算系数。

## 2.4.2　响应面设计与结果分析

### 2.4.2.1　响应曲面优化实验设计及结果

在单因素试验的基础上，考虑到实验因素对含量的影响是曲线关系，故采用响应面法寻找最佳工艺条件。根据响应面 Box-Behnken 设计原理，选取 $A$ 料液比、$B$ 提取温度、$C$ 提取时间共 3 个对含量有影响的参数因子，以单因素试验中最佳水平作为响应面设计的 0 水平设计实验方案，取得实验结果后，采用 3 因子 3 水平的响应面分析法，得到二次回归方程，并找出最佳工艺参数。因素水平见表 2-5，实验设计及实验结果见表 2-6。

表 2-5　Box-Behnken 设计因素编码水平

| 代码 | 因素 | 水平 | | |
|---|---|---|---|---|
| | | −1 | 0 | +1 |
| $A$ | 料液比 | 1∶6 | 1∶8 | 1∶10 |
| $B$ | 提取温度/°C | 35 | 40 | 45 |
| $C$ | 提取时间/min | 20 | 30 | 40 |

表 2-6　Box-Behnken 实验设计及结果

| 序号 | $A$ 料液比 | $B$ 提取温度/°C | $C$ 提取时间/min | 含量/% |
|---|---|---|---|---|
| 1 | −1 | 0 | −1 | 0.96 |
| 2 | 0 | −1 | −1 | 1.01 |
| 3 | 0 | 0 | 0 | 1.34 |
| 4 | −1 | 1 | 0 | 0.99 |
| 5 | 1 | 0 | 1 | 1.19 |
| 6 | 1 | 1 | 0 | 1.18 |
| 7 | 0 | −1 | 1 | 1.16 |
| 8 | 0 | 0 | 0 | 1.35 |
| 9 | 0 | 0 | 0 | 1.32 |
| 10 | 0 | 1 | 1 | 1.15 |
| 11 | 0 | 1 | −1 | 1.19 |
| 12 | 1 | 0 | −1 | 1.08 |
| 13 | 0 | 0 | 0 | 1.29 |
| 14 | −1 | −1 | 0 | 0.98 |
| 15 | −1 | 0 | 1 | 1.12 |
| 16 | 1 | −1 | 0 | 0.99 |
| 17 | 0 | 0 | 0 | 1.33 |

#### 2.4.2.2 方差分析

模型整体方差分析表明，$F$ 值为 42.421，$p \ll 0.001$，说明模型是成立的，有统计学意义。失拟合项方差分析表明，$F$ 值为 2.091，$p>0.05$，说明模型合理，不需要拟合更高次项方程，不需要引入更多的自变量。模型决定系数为 0.982，调整决定系数为 0.959，说明响应值的变化 98.2%来源于所选因素。变异系数（coefficient variability，CV%）表示不同水平的处理组之间的变异程度，一般小于 5%，该模型变异系数为 2.42%，变异极小，说明模型的可信度高，实验数据合理，可重复性好。信噪比（adeq precision）是表示信号与噪声的比例，通常希望该值大于 4。本模型中信噪比值为 16.23，说明模型的充分性和合理性，模型具有足够高的精确度，能准确地反映实验结果。

$A_2$、$B_2$、$C_2$、$A$ 料液比、$B$ 提取温度（°C）、$C$ 提取时间（min）对含量影响在 0.01 水平显著，$BC$、$AB$ 对含量影响在 0.05 水平显著。说明 $A$、$B$ 和 $C$ 因素对含量影响主要是二次方效应，$A$、$B$、$C$ 因素还存在线性效应，因素间还存在交互效应。见表 2-7 和表 2-8。

表 2-7 回归方程模型的方差分析表

| 方差来源 | 平方和 | 自由度 | 均方 | $F$ | $p$ | 显著性 |
|---|---|---|---|---|---|---|
| Model | 0.296 98 | 9 | 0.032 998 | 42.421 18 | < 0.0001 | ** |
| $A$ 料液比 | 0.019 01 | 1 | 0.019 013 | 24.442 15 | 0.0017 | ** |
| $B$ 提取温度/°C | 0.017 11 | 1 | 0.017 113 | 21.999 54 | 0.0022 | ** |
| $C$ 提取时间/min | 0.0181 | 1 | 0.018 05 | 23.204 78 | 0.0019 | ** |
| $AB$ | 0.0081 | 1 | 0.0081 | 10.413 22 | 0.0145 | * |
| $AC$ | 0.000 63 | 1 | 0.000 625 | 0.803 489 | 0.3998 | |
| $BC$ | 0.009 03 | 1 | 0.009 025 | 11.602 39 | 0.0113 | * |
| $A_2$ | 0.115 33 | 1 | 0.115 327 | 148.2629 | < 0.0001 | ** |
| $B_2$ | 0.066 32 | 1 | 0.066 317 | 85.255 81 | < 0.0001 | ** |
| $C_2$ | 0.022 438 | 1 | 0.022 438 | 28.845 78 | 0.0010 | ** |
| 残差 | 0.005 445 | 7 | 0.000 778 | | | |
| 失拟合 | 0.003 325 | 3 | 0.001 108 | 2.091 195 | 0.2441 | |
| 纯误差 | 0.002 12 | 4 | 0.000 53 | | | |
| 总离差 | 0.302 424 | 16 | | | | |

注：*$p<0.05$ 表示显著，**$p<0.01$ 表示极显著。

代码方程为：

$$含量（\%）=1.33+0.049A+0.046B+0.047C+0.045AB-0.013AC-0.047BC-0.17A_2-0.13B_2-0.073C_2$$

表 2-8　模型拟合分析

| | | | |
|---|---|---|---|
| Std. Dev. | 0.027 89 | R-Squared | 0.981 995 |
| Mean | 1.154 71 | Adj R-Squared | 0.958 847 |
| CV % | 2 415 34 | Pred R-Squared | 0.813 135 |
| PRESS | 0.056 51 | Adeq Precision | 16.233 67 |

### 2.4.2.3　因素总体效应分析

本实验所选因素对含量的影响存在二次方效应、线性效应以及交互效应。波动图（图 2-7）显示，*A*、*B*、*C* 因素对含量的影响呈现曲线效应，随着因素水平的增加，响应值呈现先快速增加后降低趋缓的趋势，从 3 个因素波动图的变化幅度和陡峭程度可见，*A* 因素高于 *B* 因素，*B* 因素高于 *C* 因素，总体上对含量的影响由高到低为 *A*、*B*、*C*。

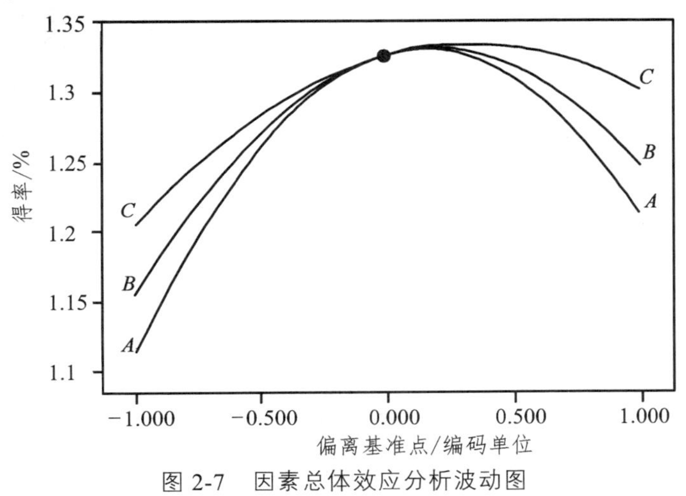


图 2-7　因素总体效应分析波动图

### 2.4.2.4　不同因素间交互作用分析

响应面分析图是由响应值和各实验因子构成的立体曲面图（图 2-8），图中显示了料液比、提取温度、提取时间中任意 1 个因素取零水平时，其余两个因素对含量的影响。

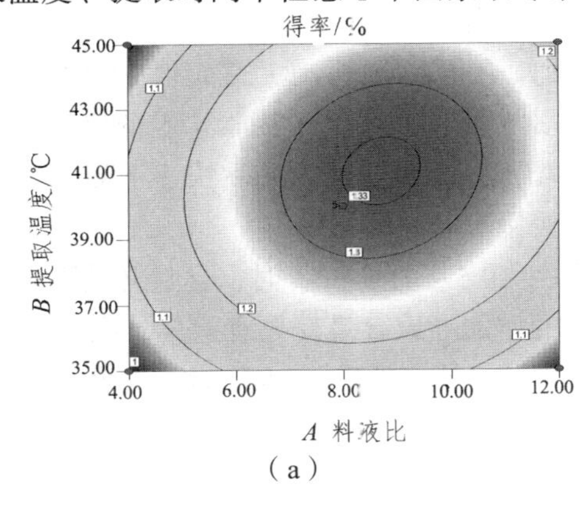


（a）

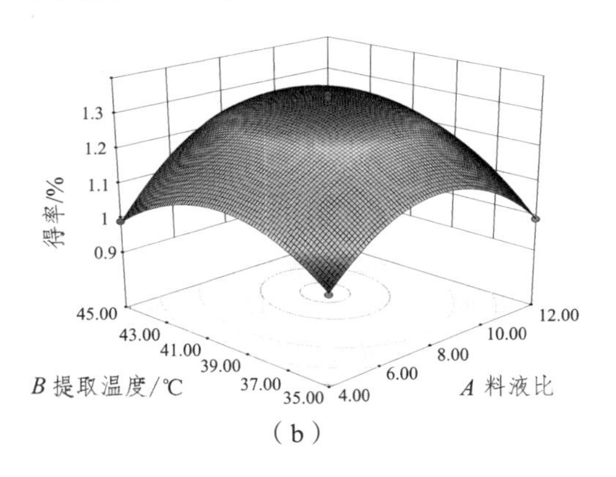


（b）

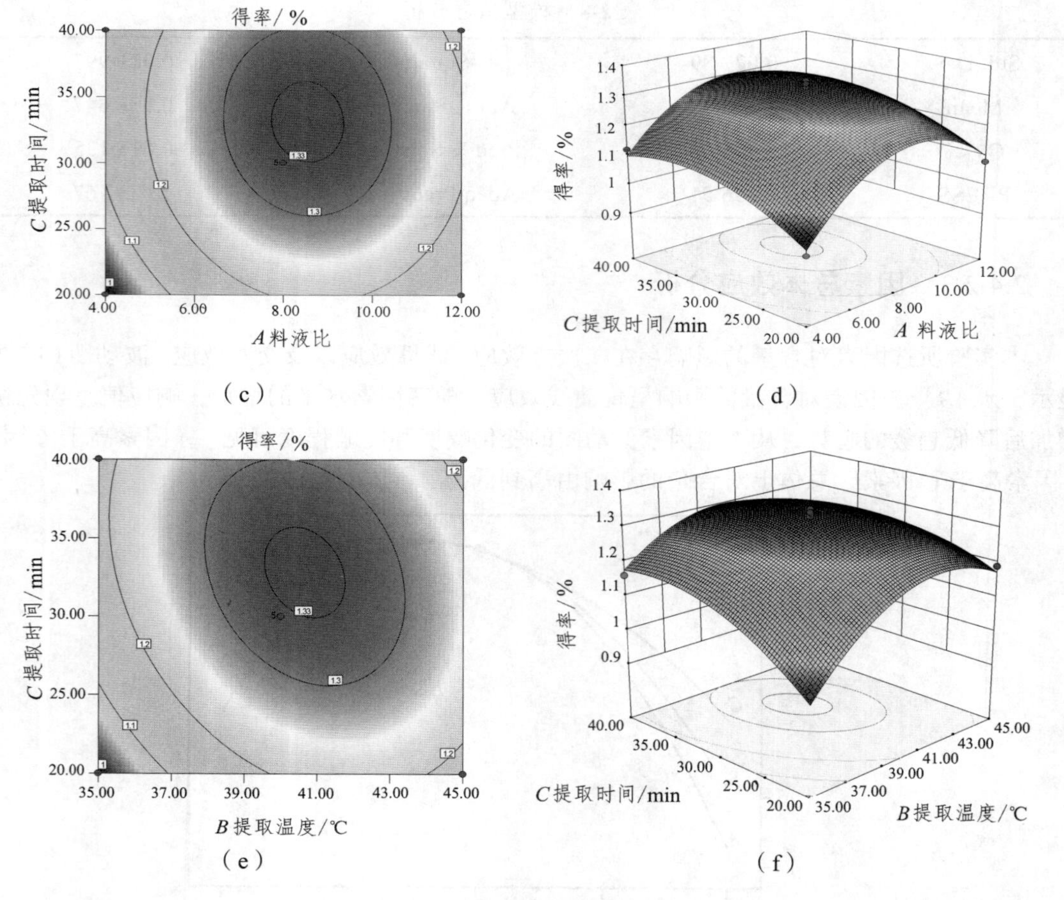


图 2-8　不同因素间交互作用分析

响应面图坡度越大，该因素对含量的影响也越大，但两个因素存在交互作用时，一个因素在另一个因素的不同水平对含量的影响过程有差异。本次研究响应面图均呈现开口向下的钟罩形，即随着因素水平的增加，含量呈现先增加后下降的趋势。

1. *A* 和 *B* 因素交互作用

*A* 和 *B* 因素等高线呈现椭圆形，说明 *A* 和 *B* 因素存在交互作用，且 *A* 因素等高线密集程度高于 *B* 因素，提示 *A* 因素对含量的影响高于 *B* 因素，见图 2-8（a）。

*A* 和 *B* 因素响应面图显示，随着 *A* 因素水平的增加，含量在增加，超过一定值（1∶7～1∶9）时，含量开始下降。由于交互作用的存在，在 *B* 因素的不同水平，*A* 因素水平的增加导致含量变化有差异，在 *B* 因素低水平时，随着 *A* 因素的增加，含量快速上升后快速下降，在 *B* 因素高水平时，随着 *A* 因素的增加，含量快速上升后缓慢下降。

随着 *B* 因素的增加，含量在增加，超过一定值（39.5～41.5 ℃）时，含量开始下降。由于交互作用的存在，在 *A* 因素的不同水平，*B* 因素的增加导致含量变化有差异，在 *A* 因素低水平时，随着 *B* 因素的增加，含量快速上升后快速下降，在 *A* 因素高水平时，随着 *B* 因素水平的增加，含量快速升后缓慢下降，见图 2-8（b）。

2. *A* 和 *C* 因素交互作用

*A* 和 *C* 因素等高线呈现圆形，说明 *A* 和 *C* 因素不存在交互作用，且 *A* 因素的等高线密集程度高于 *C* 因素，提示 *A* 因素对含量的影响高于 *C*，见图 2-8（c）。

*A* 和 *C* 因素响应面图显示，随着 *A* 因素水平的增加含量在增加，超过一定值（1∶7.5～1∶9）时，含量开始下降。随着 *C* 因素的增加，含量在增加，超过一定值（30～35 min）时，含量开始下降，见图 2-8（d）。

3. *B* 和 *C* 因素交互作用

*B* 和 *C* 因素等高线呈现椭圆形，说明 *B* 和 *C* 因素存在交互作用，且 *B* 因素的等高线密集程度高于 *C* 因素，提示 *B* 因素对含量的影响高于 *C*，见图 2-8（e）。

*B* 和 *C* 因素响应面图显示，随着 *B* 因素水平的增加，含量在增加，超过一定值（39～42 °C）时，含量开始下降。由于交互作用的存在，在 *C* 因素的不同水平，*B* 因素水平的增加导致含量变化有差异，在 *C* 因素低水平时，随着 *B* 因素的增加，含量快速上升后缓慢下降，在 *C* 因素高水平时，随着 *B* 因素的增加，含量缓慢上升后缓慢下降。

随着 *C* 因素的增加，含量在增加，超过一定值（30～35 min）时，含量开始下降。由于交互作用的存在，在 *B* 因素的不同水平，*C* 因素的增加导致变化有差异，在 *B* 因素低水平时，随着 *C* 因素的增加，含量快速上升后缓慢下降，在 *B* 因素高水平时，随着 *C* 因素的增加，含量缓慢上升后缓慢下降，见图 2-8（f）。

#### 2.4.2.5 理论最佳工艺参数

对拟合的二次方程以含量最大为目标进行求解，得出最佳生产条件，当 *A* 为 1∶8.18，*B* 为 39.86 °C，*C* 为 31.29 min 时，含量达最佳，理论预测值为 14.97%（表 2-9）。

表 2-9 最佳参数组合

| *A* 料液比 | *B* 提取温度/°C | *C* 提取时间/min | 含量/% |
|---|---|---|---|
| 1∶8.18 | 39.86 | 31.29 | 14.97 |

#### 2.4.2.6 最佳工艺条件验证

根据理论最佳条件，结合实验实际情况，选取 *A* 为 1∶8.2，*B* 为 40 °C，*C* 为 31.3 min 时，实验 3 次，测定含量平均值，结果为 (14.89±0.83)%，与理论预测值非常接近，误差小于 5%，说明该最佳工艺条件合理可行，在该工艺下含量最佳。

#### 2.4.2.7 模型诊断

残差正态图显示，残差紧紧围绕对角线分布，满足正态性，表明模型合理可用（图 2-9）。

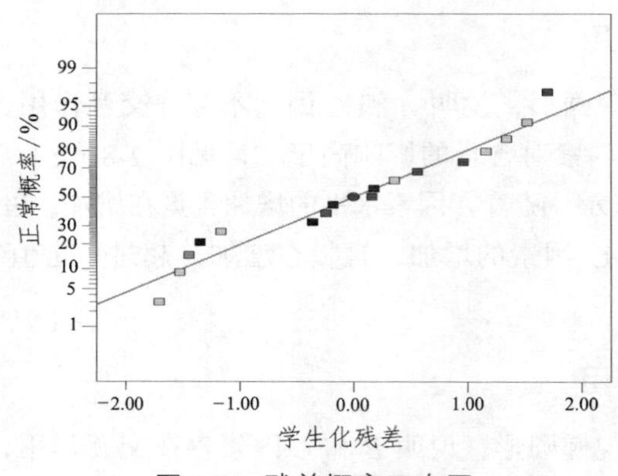

图 2-9　残差概率正态图

### 2.4.2.8　实际值与预测值

根据所建立的模型进行预测，结果（表 2-10）可见预测值与实际值非常接近，模型合理可用。实际值和预测值散点都可见（图 2-10），散点紧紧围绕对角线分布，预测值与实际值拟合极好。

表 2-10　预测值与实际值

| 序号 | 实验值 | 预测值 |
|---|---|---|
| 1 | 10.89 | 10.64 |
| 2 | 10.12 | 10.36 |
| 3 | 11.05 | 11.06 |
| 4 | 14.99 | 14.93 |
| 5 | 13.16 | 12.79 |
| 6 | 12.15 | 11.91 |
| 7 | 11.45 | 11.71 |
| 8 | 13.79 | 13.66 |
| 9 | 14.79 | 14.93 |
| 10 | 14.61 | 14.93 |
| 11 | 12.07 | 12.06 |
| 12 | 13.06 | 13.19 |
| 13 | 14.23 | 13.85 |
| 14 | 15.22 | 14.93 |
| 15 | 13.39 | 13.77 |
| 16 | 12.98 | 13.35 |
| 17 | 15.02 | 14.93 |

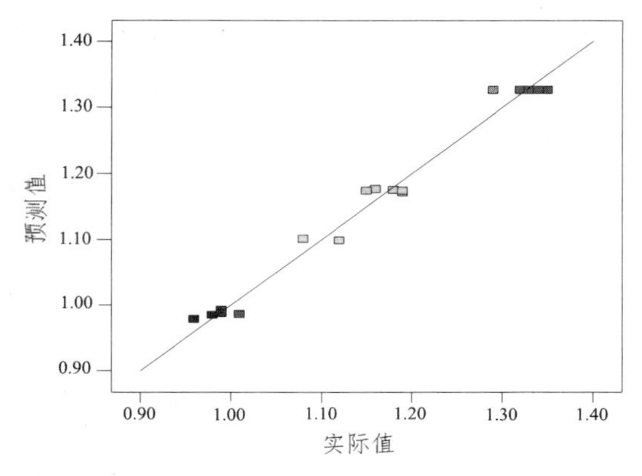

图 2-10　预测值与实际值散点图

综上可知，雪峰山天麻多糖提取的最佳工艺为料液比 1∶8.2、萃取温度 40 °C、萃取时间 31.3 min，在此条件下进行验证实验得到天麻多糖含量为 14.89%。

## 2.5 天麻素合成

天麻临床多用于头痛眩晕、癫痫、破伤风等症，主要成分是天麻素。目前，临床应用的天麻素原料药主要来源于植物提取和化学合成。由于天麻中天麻素的含量极低，植物提取法存在提取成本高、工作量大且受到资源限制等问题，因此，人工合成是大规模产业化应用的必然选择。近年来，有文献报道天麻素的化学合成和生物合成方法，其中采用化学合成法是获得天麻素的主要手段。

### 2.5.1 化学合成

周俊等（1980）完成了天麻素的化学合成，采用红磷和溴素按照 Barczai 等法合成溴代 2′, 3′, 4′, 6′-四乙酰-*α*-D-吡喃葡萄糖，再与对羟基苯甲醛在氢氧化钠-丙酮水溶液中缩合，以硼氢化钾还原后继续乙酰化得到五乙酰天麻苷，再经甲醇钠皂化得天麻苷，从葡萄糖计算总产率为 24.00%。此合成路线中大量使用红磷和溴素，毒性大，不利于生产安全和环境安全。

庞其捷等（1984）报道了天麻素合成方法的工艺改进，将硼氢化钾还原改为 Raney 镍催化加氢，省去二次乙酰化和中间体四乙酰天麻苷的分离，收率提高到 31.80%。

戴晓畅等（2004）报道了天麻素及其类似酚性糖苷的化学合成工艺，采用三溴化磷代替溴代中的红磷和溴素，降低了环境和生产毒性，缩合反应中加入碘化钾，提高了该步收率。

李玉文等（2013）采用五乙酰-*β*-D-葡萄糖和对甲酚为原料，在分子筛存在下，路易斯酸催化糖苷化反应得 4-甲基苯基-2, 3, 4, 6-O-四乙酰基-*β*-D-吡喃葡萄糖苷，与 N-卤代丁二酰亚胺在引发剂作用下发生自由基卤代反应，再与冰醋酸和叔胺混合溶液反应得到 4-乙酰氧基甲基苯基-2, 3, 4, 6-O-四乙酰基-*β*-D-吡喃葡萄糖苷，最后皂化得到天麻素。

王多平（2014）采用对羟基苯甲醇（结构如下）代替对羟基苯甲醛，避免了催化加氢步骤，先酯化得到对乙酰氧甲基苯酚，再与五乙酰葡萄糖在 BF3-乙腈作用下反应得到五乙酰天麻素，再通过皂化得天麻素（结构如下）。

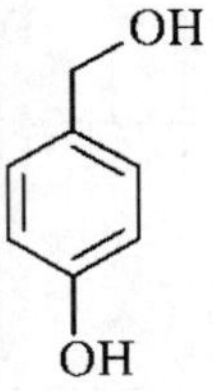

对羟基苯甲醇 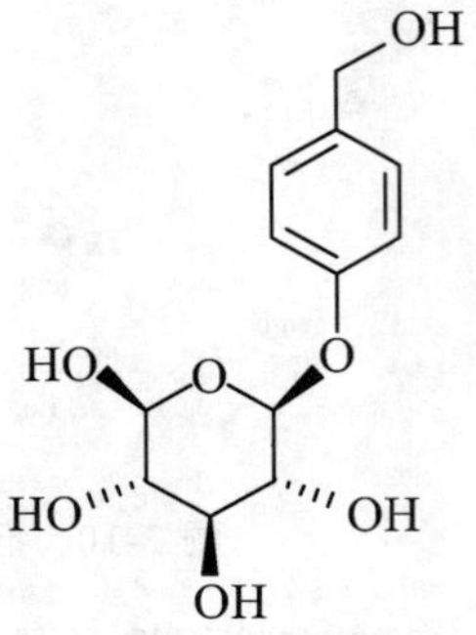　　　　天麻素

### 2.5.2 细胞合成

目前，生物合成天麻素的文献报道较少，主要集中在细胞培养及微生物转化等方面。蔡洁等（2005）利用人参毛状根将外源对羟基苯甲醇转化为天麻素，结果表明，B5 液体培养基培养 22 d 的人参毛状根，在对羟基苯甲醇的生物合成培养基中转化 24 h，合成的天麻素含量占干重的 6.65%，对羟基苯甲醇转化率达到 84.80%。朱宏莉等（2006）以对羟基苯甲醛为底物，从霉菌和细菌中筛选出了能够转化合成天麻素的华根霉，通过分析证明所得转化产物为天麻素。龚加顺等（2006）利用白花曼陀罗细胞悬浮培养转化外源对羟基苯甲醛合成天麻素。彭春秀等（2008）建立了获得紫花曼陀罗毛状根的高频转化体系，并初步证明了悬浮培养紫花曼陀罗毛状根能转化外源底物对羟基苯甲醇合成天麻素。虽然生物合成天麻素具有专一性强、反应条件温和、污染小等优点，但是由于其后处理复杂以及产量较低，实现大规模的工业化生产尚需时日。

### 2.5.3 天麻糖基转移酶基因克隆及生物信息学分析

天麻素是一种酚型糖苷类化合物，其合成实际上是对羟基苯甲醇的转糖基反应。天麻素生物合成途径大致如下：生物体内葡萄糖在己糖激酶、葡萄糖磷酸变位酶、尿苷二磷酸葡萄糖（UDPG）焦磷酸化酶的共同催化下，过程中需要腺苷三磷酸（ATP）和尿苷三磷酸（UTP）等辅底物参与，葡萄糖-1-磷酸的生成是所有反应的限速步骤，焦磷酸酶能够迅速转移过程产生的焦磷酸，偶联尿苷三磷酸合成尿苷二磷酸葡萄糖，然后在糖基转移酶作用下生成葡萄糖苷（聚乙二醇葡萄糖苷），葡萄糖苷经过乙酰化、缩合、醇解反应生成对羟基苯甲醇（又名对羟基苄醇），对羟基苯甲醇在氧化酶、糖基化酶和还原酶作用下生成对羟基苯甲醛（4-羟基苯甲醛），对羟基苯甲醛（天麻素前体）在糖基化酶和还原酶协同作用下转化为天麻素。

本部分研究选择参与生物合成天麻素关键糖基转移酶基因簇中的糖基转移酶基因为研究对象，通过对其进行 cDNA 克隆，明确糖基转移酶基因组成与特征，基因的分子进化树特征；阐明该酶与其他糖苷转移酶的分子进化关系，揭示其分子功能。

### 2.5.3.1　材料与方法

1. 材料与试剂

天麻样品种植于室内，于 2018 年 5 月采集同一株样品，经乙醇擦拭及焦碳酸二乙酯（DEPC）水处理，立即放入液氮中保存，带回实验室，于−80 °C 冰箱保存备用。

DNA 提取试剂盒、克隆试剂盒、克隆载体 pMD 18-TVector、质粒提取试剂盒、DNA 回收纯化试剂盒、菌种 JM109、DNA 相对分子质量标记，T4 DNA 连接酶及电泳类试剂等，均购自 TaKaRa 公司。

2. 实验方法

（1）DNA 的提取　参照试剂盒说明书提取天麻基因组 DNA，提取后进行电泳检测及浓度测定；并于−35 °C 保存备用。

（2）引物设计　通过对比分析近缘物种的糖基转移酶基因序列，应用 Oligo 6 软件设计引物。上游引物 TM-F：

5′-ATGGGCTCTGAAACTCGC-3′

下游引物 TM-R：

5′-TTAAACCTTCTTCAGCTTCAG-3′

均由生工生物工程（上海）股份公司合成。

（3）PCR 扩增　反应体系和反应条件参照文献（魏麟等，2017），其中退火温度为 56 °C。

（4）扩增片段的克隆测序、序列分析及生物信息学分析对 PCR 产物进行回收，连接载体 pMD 18-T Vector，并转化感受态细胞 JM109，蓝白筛选后，过夜培养白色菌落，提取质粒并鉴定，然后送生工生物工程（上海）股份公司测序。采用 DNAStar 软件包分析与处理序列，在 NCBI 网站上 Blast 比对及 BioEdit 软件分析，并用 Mega 4 软件进行 UPMAG 聚类分析。采用 ExPASy Proteomics Server 提供的在线工具对该基因编码蛋白的理化性质及结构、功能进行预测。

### 2.5.3.2　结果与分析

1. 天麻糖基转移酶基因克隆

PCR 扩增产物经电泳发现约在 1400 bp 处有一条亮带，如图 2-11 所示；将此片段回收纯化，与 pMD 18-T Vector 连接，转化筛选检测后，进行测序，所获得序列经 NCBI 的 ORF Finder 预测该序列含有一个完整的开放阅读框，长约 1400 bp，编码 481 个氨基酸，如图 2-12 所示。

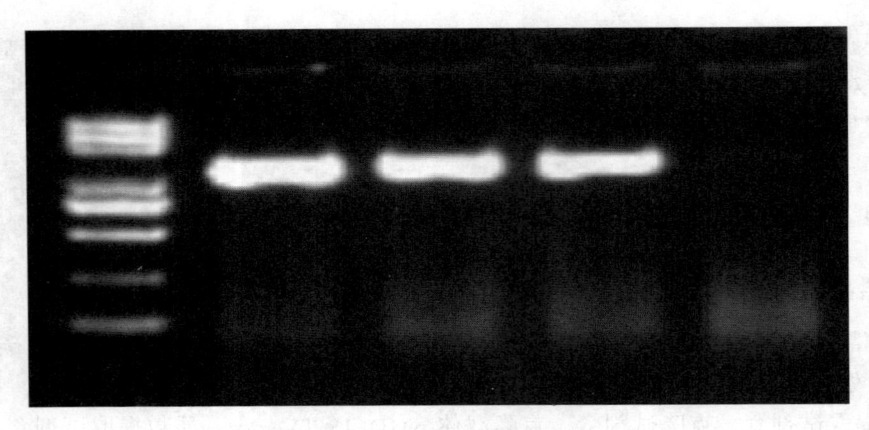

图 2-11　PCR 扩增产物电泳

```
ATGGGCTCTGAAACTCGCCCGCTGAGCATCTTCTTTTTTCCGTTTATGGCGCATGGCCACATGATTCCGATGGTGGATATGGCACGTCTG
 M  G  S  E  T  R  P  L  S  I  F  F  F  P  F  M  A  H  G  H  M  I  P  M  V  D  M  A  R  L
TTTGCTTCTCAGGGTGTGCGTTGCACCATTGTTACCACTCCGGGTAACCAGCCGCTGATTGCTCGCTCTATCGGTAAGGTTCAGCTGCTG
 F  A  S  Q  G  V  R  C  T  I  V  T  T  P  G  N  Q  P  L  I  A  R  S  I  G  K  V  Q  L  L
GGTTTTGAAATTGGTGTGACTACTATCCCGTTCCGCGGTACTGAGTTCGGCCTGCCGGATGGCTGTGAAAACCTGGATAGCGTGCCGAGC
 G  F  E  I  G  V  T  T  I  P  F  R  G  T  E  F  G  L  P  D  G  C  E  N  L  D  S  V  P  S
CCGCAGCATGTGTTTCATTTCTTTGAGGCAGCGGGTAGCCTGCGTGAGCCGTTTGAACAGCTGCTGGAAGAGCACAAACCGGACTGTGTT
 P  Q  H  V  F  H  F  F  E  A  A  G  S  L  R  E  P  F  E  Q  L  L  E  E  H  K  P  D  C  V
GTGGGCGATATGTTCTTTCCGTGGTCTACCGACTCTGCGGCTAAATTCGGTATTCCGCGCCTGGTTTTCCACGGTACCTCCTACTTCGCG
 V  G  D  M  F  F  P  W  S  T  D  S  A  A  K  F  G  I  P  R  L  V  F  H  G  T  S  Y  F  A
CTGTGCGCTGGCGAAGCAGTGCGTATTCATAAGCCGTACCTGTCTGTGTCTTCTGATGATGAACCGTTCGTTATTCCGGGCCTGCCGGAC
 L  C  A  G  E  A  V  R  I  H  K  P  Y  L  S  V  S  S  D  D  E  P  F  V  I  P  G  L  P  D
GAGATCAAACTGACCAAGTCCCAGCTGCCGATGCACCTGCTGGAGGGTAAGAAAGACTCTGTTCTGGCACAGCTGCTGGATGAGGTGAAA
 E  I  K  L  T  K  S  Q  L  P  M  H  L  L  E  G  K  K  D  S  V  L  A  Q  L  L  D  E  V  K
GAAACTGAGGTTTCCTCTTACGGTGTTATCGTTAACTCTATCTACGAACTGGAACCGGCTTACGCAGATTACTTCCGTAACGTTCTGAAG
 E  T  E  V  S  S  Y  G  V  I  V  N  S  I  Y  E  L  E  P  A  Y  A  D  Y  F  R  N  V  L  K
CGCCGTGCGTGGGAGATCGGTCCGCTGTCTCTGTGTAACCGTGACGTTGAAGAGAAAGCGATGCGTGGTAAGCAGGCTGCTATCGATCAG
 R  R  A  W  E  I  G  P  L  S  L  C  N  R  D  V  E  E  K  A  M  R  G  K  Q  A  A  I  D  Q
CATGAATGCCTGAAATGGCTGGATTCCAAAGAACCGGATTCCGTTGTTTACGTTTGTTTTGGTAGCACTTGCAAATTCCCGGATGATCAG
 H  E  C  L  K  W  L  D  S  K  E  P  D  S  V  V  Y  V  C  F  G  S  T  C  K  F  P  D  D  Q
CTGGCGGAAATCGCGTCTGGTCTGGAGGCAAGCGGCCAGCAGTTCATCTGGGTTCTTCGCCGTATGTCTGACGACTCTAAGGAAGACTAC
 L  A  E  I  A  S  G  L  E  A  S  G  Q  Q  F  I  W  V  L  R  R  M  S  D  D  S  K  E  D  Y
CTGCCGAAAGGTTTCGAAGAGCGTGTTAAGGACCGTGCTCTGCTGATTCGCGGTTGGGCTCCGCAGGTTCTGATCCTGGACCATCAGTCC
 L  P  K  G  F  E  E  R  V  K  D  R  A  L  L  I  R  G  W  A  P  Q  V  L  I  L  D  H  Q  S
GTTGGCGGTTTTGTTTCTCACTGTGGTTGGAACTCTACCCTGGAAGGCATCAGCGCGGGTCTGCCGATGGTTACTTGGCCGGTGTTCGCT
 V  G  G  F  V  S  H  C  G  W  N  S  T  L  E  G  I  S  A  G  L  P  M  V  T  W  P  V  F  A
GAACAGTTCTACAACGAAAAACTGCTGACCGAGGTGCTGAAAATCGGTGTTGCAGTGGGTGCTCGTAAGTGGCGTCAGCTGGTGGGTGAC
 E  Q  F  Y  N  E  K  L  L  T  E  V  L  K  I  G  V  A  V  G  A  R  K  W  R  Q  L  V  G  D
TTCGTTCACAAAGACGCTATTCAGCGTGCGGTGCGTGAAATTATGGAGGGCGAAGAGGCGGAGGAACGTCGTATCATCGCGCGTCAGATG
 F  V  H  K  D  A  I  Q  R  A  V  R  E  I  M  E  G  E  E  A  E  E  R  R  I  I  A  R  Q  M
GGTAAAATGGCGAAACGCGCGGTGGAGAAGGACGGTAGCTCTTGGACCAACCTGAACAACCTGCTGCAGGAACTGAAGCTGAAGAAGGTT
 G  K  M  A  K  R  A  V  E  K  D  G  S  S  W  T  N  L  N  N  L  L  Q  E  L  K  L  K  K  V
TAA
 *
```

图 2-12　天麻糖基转移酶基因的核苷酸序列及推测的氨基酸序列

2. 天麻糖基转移酶基因编码蛋白特性分析

（1）理化性质

天麻糖基转移酶基因预测编码 481 个氨基酸，利用 ExPASy 在线软件对其蛋白的理化性质进行预测分析（图 2-13）。其分子式为 $C_{2427}H_{3782}N_{648}O_{699}S_{22}$，相对分子质量是 53927.97，等电点 pI 为 5.58。该蛋白的不稳定系数（instability index）为 41.01，脂肪系数（aliphatic index）为 87.52，亲水性系数（grand avera ge of hydropathicity）为-0.168，该蛋白不含信号肽。

（2）二级结构及三级结构预测

二级结构如图 2-14 所示，该蛋白的二级结构中 $\alpha$-螺旋占 43.54%、$\beta$-折叠占 6.25%、无规则卷曲占 33.12%、自由延伸占 17.08%。

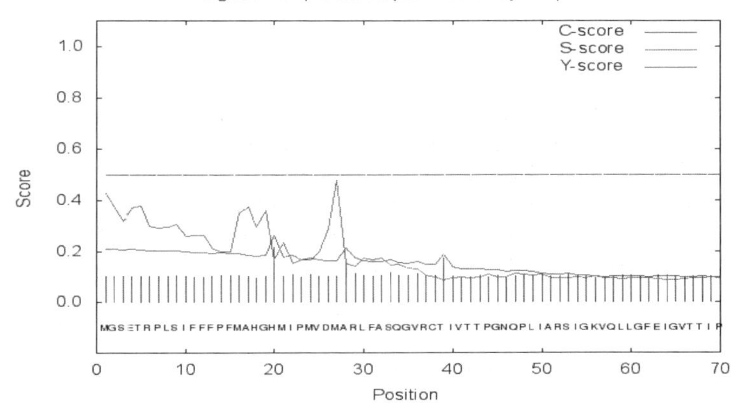


图 2-13　天麻糖基转移酶理化性质预测

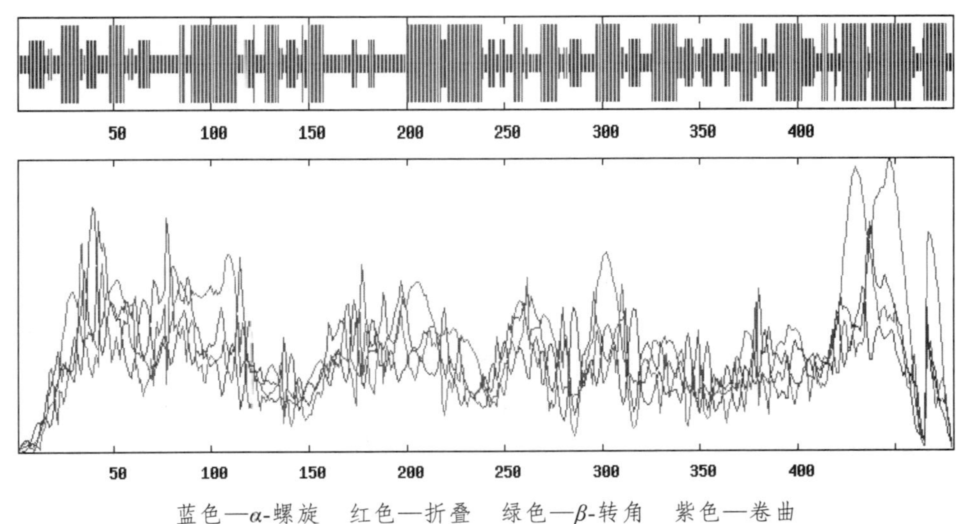


蓝色—$\alpha$-螺旋　红色—折叠　绿色—$\beta$-转角　紫色—卷曲

图 2-14　天麻糖基转移酶二级结构预测图

三级结构如图 2-15 所示。

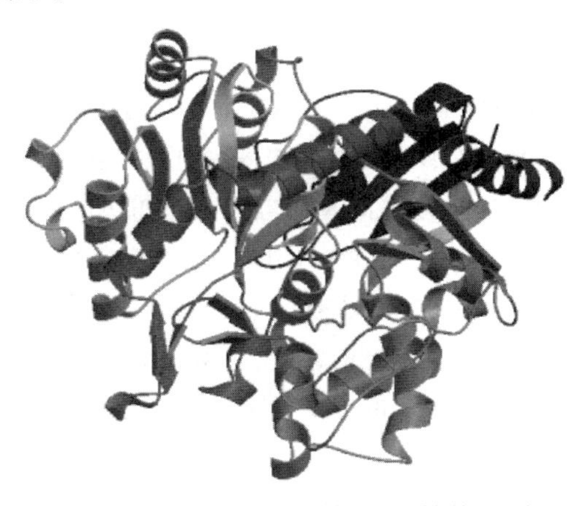

图 2-15　天麻糖基转移酶三级结构预测图

进行 N-糖基化预测，结果如图 2-16 所示，可见其 1 处可能性（>0.5）的 N-糖基化位点，在氨基酸位置 371 处。

Name: Sequence Length: 480

MGSETRPLSIFFFPFMAHGHMIPMVDMARLFASQGVRCTIVTTPGNQPLIARSIGKVQLLGFEIGVTTIPFRGTEFGLPD 80
GCENLDSVPSPQHVFHFFEAAGSLREPFEQLLEEHKPDCVVGDMFFPWSTDSAAKFGIPRLVFHGTSYFALCAGEAVRIH 160
KPYLSVSSDDEPFVIPGLPDEIKLTKSQLPMHLLEGKKDSVLAQLLDEVKETEVSSYGVIVNSIYELEPAYADYFRNVLK 240
RRAWEIGPLSLCNRDVEEKAMRGKQAAIDQHECLKWLDSKEPDSVVYVCFGSTCKFPDDQLAEIASGLEASGQQFIWVLR 320
RMSDDSKEDYLPKGFEERVKDRALLIRGWAPQVLILDHQSVGGFVSHCGWNSTLEGISAGLPMVTWPVFAEQFYNEKLLT 400
EVLKIGVAVGARKWRQLVGDFVHKDAIQRAVREIMEGEEAEERRIIARQMGKMAKRAVEKDGSSWTNLNNLLQELKLKKV 480

(Threshold=0.5) -------------------------------------------------------------------- SeqName Position Potential Jury N-Glyc agreement result

Sequence 371 NSTL 0.5323 (5/9) +

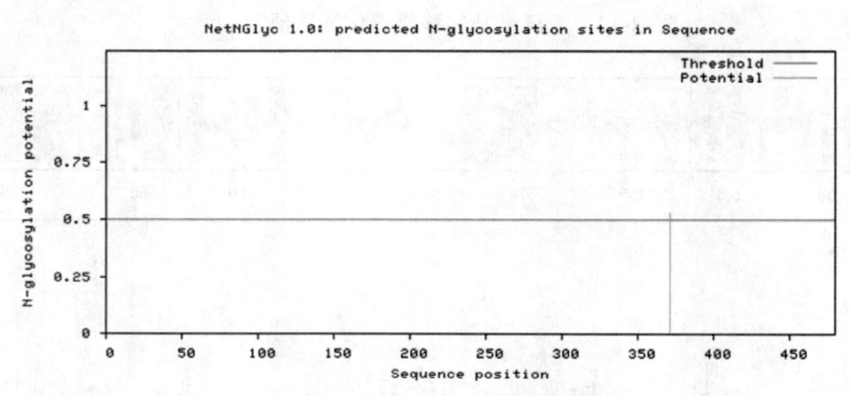


图 2-16 天麻糖基转移酶 N-糖基化预测

该蛋白含有一段 44 个氨基酸功能区 PSPG motif（图 2-17）：WAPQVLILDHQSVGGFVSHCGWNSTLEGISAGLPMVTWPVFAEQ（349 ~ 392 位），确定为糖基转移酶家族成员。

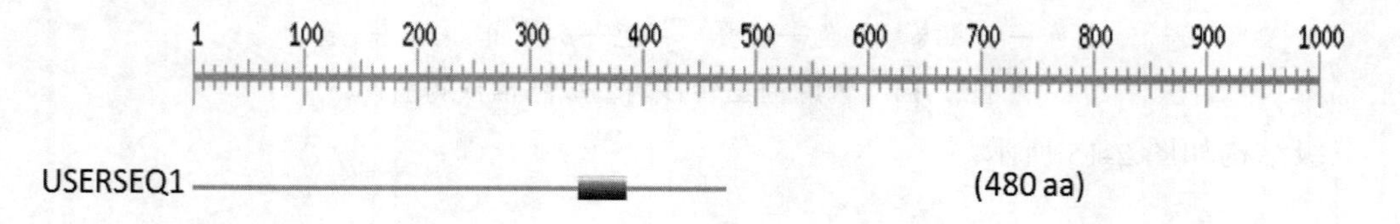


MGSETRPLSIFFFPFMAHGHMIPMVDMARLFASQGVRCTIVTTPGNQPLIARSIGKVQLLGFEIGV
TTIPFRGTEFGLPDGCENLDSVPSPQHVFHFFEAAGSLREPFEQLLEEHKPDCVVGDMFFPWSTDS
AAKFGIPRLVFHGTSYFALCAGEAVRIHKPYLSVSSDDEPFVIPGLPDEIKLTKSQLPMHLLEGKK
DSVLAQLLDEVKETEVSSYGVIVNSIYELEPAYADYFRNVLKRRAWEIGPLSLCNRDVEEKAMRGK
QAAIDQHECLKWLDSKEPDSVVYVCFGSTCKFPDDQLAEIASGLEASGQQFIWVLRRMSDDSKEDY
LPKGFEERVKDRALLIRGWAPQVLILDHQSVGGFVSHCGWNSTLEGISAGLPMVTWPVFAEQFYNE
KLLTEVLKIGVAVGARKWRQLVGDFVHKDAIQRAVREIMEGEEAEERRIIARQMGKMAKRAVEKDG
SSWTNLNNLLQELKLKKV

图 2-17 天麻糖基转移酶氨基酸功能区 PSPG motif 序列

天麻素合成酶属于糖基转移酶，糖基转移酶在植物中研究较多，它能从有活性的供体转移一个糖基到受体分子，积极参与植物生长发育多个过程，在植株的生长过程中发挥着重要作用。在真菌研究中少有报道。在天麻的研究中未见任何关于天麻素合成酶的相关报道。糖基转移酶大都以基因家族的形式存在，不同的糖基转移酶虽然同源性不明显，却具有相似的结构域——PSPG motif，该模体能与底物尿苷二磷酸葡萄糖或尿苷二磷酸半乳糖结合，以便发挥其催化功能。

天麻素合成酶的作用特别重要，随着对其研究的不断深入，克隆其基因，验证其产物的生物学活性，是有效认识和全面掌握天麻素合成酶基因在天麻中作用的前提条件，以便人们更好地利用其生物功能，进行遗传改良和品种改造，培育出更好的优良品种。

## 参考文献


[1] 陈传贵，陈剑秋，孙晋津．亚油酸对 MiaPaCa2 人胰腺癌细胞生物学行为的影响[J]．天津医药，2009，37（1）：34-35.

[2] 陈琛，李鑫鑫，魏唯，等．大孔树脂纯化天麻多糖的工艺研究[J]．四川大学学报（自然科版），2018，55（5）：1109-1115.

[3] 杜伟锋，陈琳，丛晓东，等．天麻化学成分及质量控制研究进展[J]．中成药，2011，33（10）：1785-1787.

[4] 顾雅君，张瑞英，温秀荣，等．天麻的化学成分和药理作用[J]．食药用菌，2014，22（2）：84-85.

[5] 关萍，石建明，高玉琼．天麻的挥发性成分分析[J]．四川师范大学学报（自然科学版），2008，31（5）：615-618.

[6] 关萍，石建明，高玉琼．乌天麻挥发性成分分析及抗菌活性研究[J]．西南师范大学学报（自然科学版），2010，33（1）：11-14.

[7] 黄占波，宋冬梅，陈发奎．天麻化学成分研究（Ⅰ）[J]．中国药物化学杂志，2005，15（4）：227-229.

[8] 胡梅清，夏尔宁，吴梧桐．天麻匀多糖的分离纯化和组成分析[J]．铁道医学，1988，16（4）：203-204.

[9] 郝小燕，谭宁华，周俊．黔产天麻的化学成分[J]．云南植物研究，2000，22（1）：81-84.

[10] 胡忠，杨增明，王均．天麻球茎中一种抗真菌蛋白的分离和部分特性[J]．云南植物研究，1988，10（4）：373-380.

[11] 季德，宁子琬，张雪荣，等．不同干燥加工方法对天麻药材质量的影响[J]．中国中药杂志，2016（14），2587-2590.

[12] 李志峰，王亚威，王琦，等．天麻的化学成分研究（Ⅱ）[J]．中草药，2014，45（14）：1976-1979.

[13] 李文兰，范玉奇，季宇彬，等．大孔吸附树脂法对天麻中天麻苷和总苷的分离纯化[J]．中国医院药学杂志，2007（1）：18-21.

[14] 李金玲，赵致，刘红昌，等．基于主成分分析的天麻矿质元素含量研究[J]．中国中药杂志，2015，40（6）：1123-1128.

[15] 李德勋，陈桂，李辅碧，等. 天麻不同变异类型药材中天麻素含量比较[J]. 现代中药与实践，2007，21（3）：23-24.
[16] 盛漪，谷文英. β-谷甾醇异构体的分离和初步鉴定[J]. 无锡轻工业大学学报，2002，21（6）：630-633.
[17] 宋振玉. 中草药现代研究：第一卷[M]. 北京：北京医科大学中国协和医科大学联合出版社，1995：137.
[18] 王莉，肖红斌，梁金森. 天麻化学成分研究（Ⅰ）[J]. 中草药，2003，34（7）：584-585.
[19] 汪军玲，周本宏. 天麻素的药理作用和临床应用研究[J]. 武汉生物工程学院学报，2009，5（4）：309-313.
[20] 肖永庆，李丽，游小琳. 天麻有效部位化学成分研究（Ⅰ）[J]. 中国中药杂志，2002，27（1）：35-36.
[21] 谢笑天，李海燕，王强，等. 天麻化学成分研究概况[J]. 云南师范大学学报，2004，24（3）：22-25.
[22] 杨军，叶寿山，刘家骏. γ-亚麻油酸对血脂的调节作用[J]. 中国药理学通报，1998，14（6）：551-554.
[23] 杨玉芳. 蛋白质含量测定方法[J]. 明胶科学与技术，2007，27（2）：100-101.
[24] 张伟，宋启示. 贵州大方林下栽培天麻的化学成分研究[J]. 中草药，2010，41（11）：1782-1785.
[25] 周俊，杨雁宾，杨崇仁. 天麻的化学研究Ⅰ：天麻化学成分的分离和鉴定[J]. 化学学报，1979，37（3）：183-189.
[26] 周俊，浦湘渝，杨雁宾. 新鲜天麻的九种酚性成分[J]. 科学通报，1981（18）：1118-1120.
[27] ANDERSSON M, BERGENDORFF O, NIELSEN M, et al.Inhibition of kainic acid binding to glutamate receptors by extracts of Gastrodia[J]. Phytochemistry, 1995, 38 (4): 835-836.
[28] HUANG Z B, WU Z, CHEN F K, et al. The protective effects of phenolic constituents from *Gastrodia elata* on the cytotoxicity induced by KCl and glutamate[J]. Archives of Pharmacal Research, 2006, 29 (11): 963-968.
[29] HSIEH C L, TANG N Y, CHANG S Y, et al. Anticonvulsive and free radical scavenging actions of two herbs, uncaria rhynchophylla(MIQ) jack and *Gastrodia elata* Bl in kainic acid-treated rats[J]. Life Sci, 1999, 65(20): 2071-82.
[30] KHANMR, LUNGWANASM. γ-Sitosterol, acytotoxicsterol from Mark hamiazanzibarica and Kigelia Africana[J]. Fitoterapia, 1999, 70 (5): 96-97.
[31] WANG L, XIAO H, LIANG X, et al. Identification of phenolics and nucleoside derivatives in *Gastrodia elata* by HPLC-UV-MS[J]. Journal of Separation Science, 2007, 30 (10): 1488-1495.
[32] YUN-CHOIHS, PYOMK.Isolation of 4, 4'-dihydroxybenzyl sulfoxide from *Gastrodia elata*[J]. Archives of pharmacal research, 1997, 20 (1): 91-92.
[33] 周俊，杨雁宾，杨崇仁. 天麻的化学研究Ⅱ：天麻苷及其类似物的合成[J]. 化学学报，1980，38（2）：162-166.
[34] 庞其捷，钟裕国. 天麻素合成方法的改进[J]. 医药工业，1984（3）：3-4.

[35] 戴晓畅，彭啸，吴松福，等. 天麻素及其类似酚性糖甙的化学合成工艺研究[J]. 云南民族大学学报（自然科学版），2004，13（2）：83-85.

[36] 李玉文，马翠丽. 一种化学合成天麻素的方法：CN102977161A[P]. 2013-03-20.

[37] 王多平. 天麻素的生产工艺：CN104072549A[P]. 2014-10-01.

[38] 蔡洁，丁家宜，华亚男，等. 人参毛状根生物合成天麻素转化体系的建立[J]. 植物资源与环境学报，2005，14（2）：29-31.

[39] 朱宏莉，宋纪蓉，黄建新，等. 微生物转化法合成天麻素[J]. 药学学报，2006，41（11）：1074-1077.

[40] 龚加顺，马维鹏，普俊学，等. 白花曼陀罗悬浮培养细胞转化对羟基苯甲醛生成天麻素[J]. 药学学报，2006，41（10）：963-966.

[41] 彭春秀，张梅，刘庆丰，等. 曼陀罗毛状根的诱导及其悬浮培养合成天麻素初探[J]. 云南农业大学学报，2008，23（4）：492-497.

[42] 魏麟，黎晓英，刘胜贵，等. 鱼腥草 *HMGR* 基因 cDNA 克隆、差异表达及蛋白质结构分析[J]. 中草药，2017，48（18）：3815-3819.

# 天麻的低碳种植

传统的天麻栽培模式木材消耗量大，种麻用量多并且长期使用多代无性繁殖的种麻和蜜环菌菌材。这种天麻栽培模式资源消耗大，与林业用材矛盾突出且常常使天麻不能稳产高产。通过本章内容，提倡天麻低碳种植模式，以达到合理利用林木资源，为业界天麻种植实现节能、减排、低污染的效果，实现投入少、稳产、高产和优质提供理论指导。

## 3.1 天麻种植的萌发菌和蜜环菌

天麻属兰科植物，在其生长发育过程中必须由蜜环菌供应营养物质，所以天麻和蜜环菌的关系极为密切。我国古代就有一些天麻与蜜环菌关系的记述，晋代葛洪编著《晋抱朴子》载："去大魁数尺，皆有细根如白发，虽相须而实不相连，但以气相属尔。"在晋代，尽管人们还不了解蜜环菌菌索的功能，但已经有了较为仔细的观察分析。1911 年，日本草野俊助才对二者的关系进行了研究。20 世纪 90 年代，我国学者利用 $^{3}H$-葡萄糖标记天麻等技术对天麻进行研究，提示了蜜环菌和天麻之间存在营养物质的相互交流，菌麻之间存在着特殊的共生关系（兰进等，1994）。

### 3.1.1 萌发菌与天麻种植

自 20 世纪 70 年代以来，用天麻块茎做种麻的无性繁殖技术取得成功，并大面积推广应用于生产，极大地缓解了天麻医疗用药长期供不应求的局面。但多代无性繁殖引起种麻严重退化，致使天麻产量大幅度下降，成为严重影响天麻生产的难题（徐锦堂，1993）。天麻种子细小如粉尘，构造简单，仅由胚和种皮构成，无胚乳及其他营养贮备。在萌发菌发现以前，人们普遍认为天麻种子萌发所需要的营养可由周围的溶液渗入，与胚细胞中贮存的脂肪、多糖等物质提供（周铉，1987）。实验研究表明，将天麻种子播种在培养基上可直接吸收培养基营养而发芽。而在自然条件下，未见天麻种子能吸收土壤及周围环境中的营养而萌发的报道。因此，天麻胚细胞中虽有脂肪、多糖存在，但如果没有外源营养供给，种子不能发芽。直到 1979 年，徐锦堂教授从天麻种子发芽的原球茎中分离到 12 个种子萌发菌，并从中筛选到一株真菌——紫其小菇，用紫其小菇菌丝培养的树叶伴播天麻种子，其发芽率达到了 19.65 %（徐锦堂，1988）。后来，研究者从野生铁皮石斛中分离得到石斛小菇，也能促进天麻种子的萌发。这些研究报道说明天麻是一种高度退化的兰科植物，其种子必须在小菇属真菌的帮助下才能萌发，而后必须与蜜环菌共生，方能正常生长繁殖。这一研究成果有效地解决了天麻有性繁殖中种子自然萌发率低的难题，是一项重要的技术突破，为天麻的有性繁殖奠定了坚实的基础，在天麻产业发展中起着重要作用。

研究表明，石斛小菇、紫其小菇等萌发菌的菌丝体在 25 ~ 28 °C 生长速度最快，当温度高于 28 °C 或低于 20 °C 时菌丝生长速度明显减缓，当于 30 °C 以上环境中培养 1 d 后，菌丝失去活力，甚至死亡。在基质含水量为 100% ~ 200%的高湿环境中天麻种子萌发菌生长较好；在基质 pH 4.5 ~ 7.0 均能生长，但以 pH 5.0 ~ 5.5 最适宜（李方安，2013）。

在实际生产中，萌发菌菌种因长期连续传代培养而发生退化，表现为菌丝体生长缓慢、颜色变暗，菌丝活力弱，侵染天麻种子的能力下降。退化的萌发菌会严重影响天麻的有性繁殖，因此采取适当的菌种保存方法延缓菌种衰退，掌握萌发菌菌种复壮技术势在必行。

天麻有性繁殖的萌发菌菌种可依据菌种来源、繁殖代数及生产目的划分为母种、原种和栽培种。

#### 3.1.1.1 萌发菌母种制作技术

天麻萌发菌母种也叫一级种，在生产中常用于菌种的分离、提纯、扩繁和保存。萌发菌母种常用培养基为斜面固体培养基。其制作技术为：将马铃薯去皮，挖去芽眼，切片，称取 100 g，硬杂木屑、麦麸、玉米面各称取 50 g，自来水 1300 mL，将上述材料混合煮沸 30 min 后用双层纱布过滤。取滤液补水至 1000 mL，加葡萄糖 20 g、磷酸二氢钾 2 g、硫酸镁 1 g、蛋白胨 5 g、$V_B$ 110 mg、琼脂 18 g。待培养基溶化后，将其倒入试管至容积的 1/4 处，塞上试管塞，121 °C 下灭菌 30 min。灭菌结束后，放置斜面，待培养基凝固后即可接种，在斜面试管中萌发菌在 25 °C 下培养 7 d 左右长满斜面即可（附录 K 图 K6）。

#### 3.1.1.2 萌发菌原种制作技术

萌发菌原种也叫二级种。为了方便储藏和邮寄，常用木屑培养基培养萌发菌原种。原种培养基配方为阔叶树木屑 77%、麸皮 15%、玉米粉 5.45%、蔗糖 1%、磷酸二氢钾 0.3%、硫酸镁 0.25%、石膏粉 1%。将木屑、麸皮、玉米粉混匀，再将上述所有能溶解的辅料溶入水中并洒在干料上，培养料的含水量调至 65%左右，用 750 mL 菌种瓶，装瓶至瓶肩处，中间打一通气孔，加棉塞，121 °C 灭菌 120 min 或者常压下 100 °C 保持 8 ~ 10 h，待培养基冷却后即可接种，在 25 °C 下培养 30 d 左右长满即可（附录 K 图 K7）。此菌种可用于转接栽培种，亦可直接用于拌播天麻种子。

#### 3.1.1.3 萌发菌栽培种制作技术

萌发菌栽培种也叫作三级种。天麻萌发菌一、二级种质量的优劣影响三级种的质量，而三级种质量则直接决定了天麻的产量和质量。试验表明各种阔叶树的落叶、玉米秆、棉籽壳等都可作为主料培养萌发菌栽培种。目前，生产上使用较多的萌发菌栽培种制作技术为树叶袋式三级菌种制作技术，具体操作方法为：将树叶（63%）、麸皮（10%）、杂木屑（25%）混匀后，用溶有石膏、白糖各1%的水浇湿，使其含水量达80%，待培养料充分浸透即可装袋；装袋后121 °C灭菌120 min或者常压下100 °C保持10 ~ 12 h，待培养基冷却后即可接种。在25 °C下培养30 d左右菌丝长满菌袋即可（附录K图K8）。该配方简单易行，通气性好，菌丝浓白，菌种生长快。另外，采用以下配方也可获得较好的萌发菌栽培种：青冈、桦木等的落叶70%、米糠或麦麸15%、木屑10%、硫酸镁0.5%、磷酸二氢钾1.5%、石膏1%、蔗糖1%、尿素1%（冉孝琴，2014）。

### 3.1.2 蜜环菌与天麻种植

蜜环菌是一种食用真菌，经常食用蜜环菌还有明目、利肺等药用价值，它生长于栎、桦等多种树木上，其菌丝分解、吸取木材的营养，并在树木表面长出棕色菌索，遇湿度较高、温度稍低的条件在树木周围会产生大量美味的子实体。当菌索延伸触及天麻块茎时，其顶端生长点会突破块茎表皮，菌丝体侵入皮层，利用天麻细胞的内含物，使其成为空胞，但天麻看不出受明显伤害。天麻块茎的中柱和皮层交界处称为“消化层”，它有几列特殊的细胞，当蜜环菌菌丝侵入这些细胞就反被它消化利用，成为天麻的营养。树木、蜜环菌、天麻构成一条营养链，天麻才能生长发育。天麻植物这种不进行光合作用，而靠蜜环菌生活的营养方式是很奇特的。

天麻块茎的生长，首先在顶端和周身长出一段细胞较大、壁较薄、有大量蜜环菌菌丝的器官，它能着生子麻。该器官细胞内的大量菌丝成为子麻生长的营养来源，如果没有菌丝，或者它和子麻间有一层离层状细胞，子麻就长不大，所以称这段器官为营养繁殖茎，蜜环菌菌丝还可以通过它进入子麻体内，但数量不多，又很纤细，常不易检出。子麻发育成熟就是箭麻，可见天麻生长离不开蜜环菌。健康的天麻和体内的蜜环菌存在斗争，最终天麻消化掉蜜环菌。但因为蜜环菌的抗逆能力强于天麻，在水涝等不良环境条件下，天麻生长衰弱，二者关系就会发生逆转，体内的蜜环菌可将天麻分解利用，仅存外面的空壳，空壳内充满菌索。因此，人工培育天麻必须给天麻适宜的生长条件。从两者的关系可看出，天麻和蜜环菌的关系既有依存又有对抗，是比较复杂的，可以认为是一种共生关系（庄毅，1992）。

业界一度认为蜜环菌是天麻唯一的营养来源。用同位素标记土壤、菌材和天麻，并对未标记的天麻、菌材等进行放射自显影和放射性测量，查明它们间存在营养供输关系，菌材上的营养通过菌索传递给天麻远比天麻的营养被蜜环菌传递到菌材的要多。同时也证实土壤营养可通过蜜环菌转移或被生长的天麻直接利用，成为天麻的辅助营养来源，说明与蜜环菌共生的天麻存在施肥的可能。

天麻繁殖的蜜环菌菌种可依据菌种来源、繁殖代数及生产目的划分为母种、原种和栽培种。

#### 3.1.2.1 蜜环菌母种制作技术

从菌索、子实体、着生菌丝体的天麻块茎中，经各种方法分离得到的菌丝体纯培养物及其继代培养物，叫母种。母种又叫一级种，由于盛装于试管中，也称为试管种。

培养母种的培养基为马铃薯葡萄糖琼脂培养基（PDA）。PDA 培养基配方：去皮马铃薯 200 g、葡萄糖 20 g、琼脂 20 g、蒸馏水 1000 mL，pH 自然。配制方法：将马铃薯切片，加水文火煮沸 30 min，用四层纱布过滤，取滤液 1000 mL 并放入琼脂加热融化，最后加入葡萄糖，搅拌使其溶解。将培养基趁热分装于试管内，121 °C 30 min 灭菌。取出摆斜面，接种，在 25 °C 下培养 8 ~ 10 d，菌丝长满试管即可（附录 K 图 K9）。所接菌种要使用正规菌种厂生产的优良品种，或采集蜜环菌子实体进行组织分离或孢子分离，也可从菌索上进行菌种分离。

#### 3.1.2.2 蜜环菌原种制作技术

由母种转接、扩大培养而成的菌丝体纯培养物，叫原种。常以菌种瓶或聚丙烯塑料袋为容器盛装，也称二级种。

培养蜜环菌原种的培养基为木屑麸皮培养基。培养基配方为：阔叶树锯木屑 30%、麦麸 10%及小树枝段 60%、水适量。制作时，先将手指粗的树枝截成长 1.5 cm 的小段，在水中浸泡 12 h 使其充分吸水，然后与锯木屑、麦麸拌匀，加水湿透，装入 500 mL 广口瓶中，每瓶装入树枝段 50 ~ 60 段，以瓶容量的 4/5 为宜，再加水少量，盖瓶盖后高压灭菌（0.15 MPa）1 h，冷却后接入母种，置于 25 °C 恒温培养，30 ~ 45 d 蜜环菌丝和菌索可长满全瓶（附录 K 图 K10）。

#### 3.1.2.3 蜜环菌栽培种培养技术

由原种转接、扩大培养而成的菌丝体纯培养物，叫栽培种。常以塑料袋为容器。栽培种只能用于栽培，不可再次扩大繁殖菌种。

栽培种的培养料和培养方法可与原种相同，也可用木块培养基制作栽培种（附录 K 图 K11）。经高压灭菌冷却后，每瓶接入原种枝条菌种 1 ~ 2 段，在 25 °C 恒温培养 30 ~ 45 d，蜜环菌菌丝和菌索长满全瓶，可用于培养菌枝和菌材。

## 3.2 天麻繁殖

天麻的有性繁殖栽培技术是利用天麻种子繁殖天麻。在天麻花期采取人工异株授粉后结成蒴果，果实成熟后采下摊放在容器内，待蒴果自然开裂后，利用萌发菌与种子混合播种栽培，可获得大量人工栽培的天麻块茎。然后利用这些天麻块茎做种麻再进行无性繁殖栽培。这种有性繁殖得到的天麻生命力强、生长快、产量高、麻形好，可克服无性繁殖天麻种性退化现象，对推动天麻产业化发展有着重要的意义。

### 3.2.1 天麻种子生产

#### 3.2.1.1 箭麻的选择

箭麻的选择一般在 11 月份天麻收获时进行。要选择个体发育完好、无损伤、健壮、无病虫危害、花茎芽红润饱满、大小 100 ~ 150 g 的箭麻。箭麻运输时应防止刺伤、碰伤。

#### 3.2.1.2 箭麻的栽培

（1）栽培场地选择：箭麻的栽培一般选择在避风，土质疏松，不积水，远离蔬菜地、畜牧场等病虫害较多的地方。场地选好后应清理杂草、枯枝烂叶、杀菌、防虫。

（2）栽培期选择：一般选择冬季或春季收获时栽培，通常春季栽培出苗率较高。亦可采取冬季收获后经 3 ~ 5 °C 低温贮存，春季解冻之后播种。

（3）箭麻的栽培与管理：为了便于管理，生产中采用做 60 cm 宽的床畦，两畦之间留 45 ~ 50 cm 的人行道，畦中按行距 15 cm、株距 10 cm 摆放箭麻，顶芽向上，栽完后覆土 5 ~ 8 cm。

在春季气温回升到 12 °C 以上，箭麻的顶芽开始萌动，气温达 15 °C 时，顶芽陆续长出。

箭麻栽培后的管理工作主要有：

① 提高地温，防止冻害。可在栽培畦上搭塑料薄膜小拱棚，促进箭麻顶芽提早抽茎。

② 插防倒杆。在顶芽旁插竹竿一根，顶芽抽茎以后随着花茎的向上伸长可分几次将花茎捆在杆上（附录 K 图 K12）。

③ 遮阳防雨。箭麻生长期以遮光率 60% ~ 70%的遮阳网遮阳最为适宜。在开花期，若遇到下雨，要搭盖薄膜防雨。

④ 灌水。干旱时，要及时灌水，保持土壤湿润。

⑤ 适时打尖。天麻花穗顶端的花朵，授粉后结果很小，种子量也少。为了减少养分消耗，使其余的果实饱满，提高产量，在现蕾初期应将顶部的 3 ~ 5 朵花蕾打掉。

⑥ 授粉。天麻异株授粉坐果率高于自花授粉。异株授粉的果重、种子的大小、种胚的大小都高于自花授粉。不同类型天麻的异株授粉效果更好。因此，在生产天麻种子时，最好选择不同种形的天麻，进行杂交授粉，对提高天麻块茎的产量有重要价值。

研究表明，用宜昌红天麻为母本、云南乌天麻为父本，通过温度调节，使其花期相遇，生产出的红乌杂交种具有明显的杂交优势，天麻产量增高，有效成分含量也明显增高（王绍柏，2002）。人工授粉时间在开花之后的 2 d 内完成。一般在 10:00—16:00 授粉效果最好，雨天或露水未干时不宜授粉。授粉时，用左手轻轻捏住花朵基部，右手用镊子慢慢取掉唇瓣或压下，使雌蕊柱头露出。从另一株花朵内取出冠状雄蕊，弃去药帽，将花粉块黏放在雌蕊的柱头上即可。在低海拔地区，气温 23 ~ 25 °C 时，天麻从授粉到果子采收需要 15 ~ 18 d。但随着海拔的增加，生长期延长，海拔 1200 ~ 1300 m 时，生长期 30 ~ 33 d 后果实才能采收。例如，在湖南省洪江区，可在 3 月底 4 月初播种天麻，中高山区 4 月底 5 月初播种天麻。但播期较晚时，当年不能形成白麻，生长发育推后 1 年，一般在播种后的第三年才能收到箭麻。因此，在高山区域为了缩短天麻的生长期，提倡温室培育种子，这样一般可以提前 1 ~ 2 个月播种（附录 K 图 K13）。天麻种子应在未裂果之前采收。通常在天麻蒴果的颜色由深红变成浅红，果侧面 6 条缝线稍微突起，手感由硬变软，手掰开蒴果可见种子乳白色，已散开不再成团时即可采收。天麻的种子最好随采随播。若需保存，可在干燥阴凉、通风的室内保存 1 ~ 2 d，也可与萌发菌菌种拌种装入塑料袋内，保存 4 ~ 5 d。另外，天麻种子可在冰箱冷藏室保存，半个月内发芽率不会明显降低，在进行长途运输时，可采用冰壶冷藏。

### 3.2.2 天麻的有性繁殖

#### 3.2.2.1 准备工作

1. 萌发菌及蜜环菌菌种准备

（1）树种选择　常用于培养菌材的树种很多，如槲栎、栓皮栎、青冈、板栗、野樱桃、榆树等均可作为培养菌材的材料。其方法是选择直径 5 ~ 8 cm 粗的杂木树干或树枝，截成 60 cm 长的段木，并在木棒两面每隔 3 ~ 4 cm 砍鱼鳞口，一般每窝准备此种木棒 10 根。另外再选 1 ~ 2 cm 粗的树枝砍成 6 ~ 8 cm 的小段备用。

（2）收集树叶　有性繁殖每窝需要树叶 1.0 ~ 1.5 kg。一般选择橡树、板栗、青冈等壳斗科树种的树叶，栽培前加水调湿，使其含水量 65%左右为宜。

（3）箭麻的贮藏　箭麻的贮藏一般采用室内湿沙堆埋，室内气温保持 0 ~ 3 °C，沙的含水量保持 60%左右，并使室内通风良好，保存期不少于 70 d。

（4）菌棒浸泡补水　栽培前的浸泡包括两种情况：一是对已干燥的木棒，使用前用清水浸泡，使其含水量达 50%以上，对新砍的木棒不必浸泡；二是对栽培天麻使用的所有木棒用 0.25%的硝酸铵溶液浸泡 30 ~ 40 min，可为蜜环菌提供氮源，有利于蜜环菌尽快地侵入木材分解利用。

（5）拌种　将萌发菌菌种撕成单片，放入盆中或塑料袋内，每平方米用萌发菌菌种 2 ~ 3 袋，将天麻蒴果捏开，抖出种子，与萌发菌拌匀，反复搅拌，使每片长有萌发菌的叶片上都粘有天麻种子。拌种时应放在无风处，以防天麻种子随风飘失。每平方米用蒴果 18 ~ 20 个。

#### 3.2.2.2 有性繁殖

1. 场地的选择

选择场地应靠近林木资源，以减少运输费用；靠近水源，排灌方便；土壤为沙壤土，土层较厚，透气良好；有遮阳条件；通风良好。辅修道路，便于看护与管理。天麻有性繁殖场地的选择忌用旧的蘑菇场、畜牧场、堆肥场等杂菌害虫较多的地方。另外忌用碱性土壤。

2. 清理场地

选好栽培场地之后，铲去杂草及枯枝烂叶，然后撒施杀虫剂，灌水使土壤湿度达到 50% ~ 60%，待稍干后将土壤挖松整平。

3. 床畦播种

修建床畦，宽 50 cm、深 10 ~ 15 cm，长度不限，中间留 40 cm 的人行道。播种方法为：床底面挖松 3 ~ 4 cm 平整后，撒一层 2 ~ 3 cm 厚的用水冲洗并晾干的树叶；将拌有天麻种子的萌发菌撒播在树叶层上；将木棒排放在拌有萌发菌菌种的菌叶上，菌棒间距 3 ~ 4 cm；在木棒的两侧及两端放上蜜环菌的枝条菌种，两棒之间填入少量树枝小段。用干净的湿粗沙或沙壤土覆盖至高出木棒 1 ~ 2 cm。然后按上述方法在其上再播种一层，上层覆土 8 ~ 10 cm（附录 K 图 K14）。浇适量的水，保持栽培基质湿润，再用树叶或农作物秸秆覆盖表面保湿，避免阳光直射菌床（黄先敏，2011）。

4. 田间管理

播种后管理的好坏，不仅会影响天麻产量的高低，而且还会影响有性繁殖的成败。因此，播种后还应加强管理，才能确保稳产、高产。

（1）调节温度

天麻种子适宜的发芽温度是 20 ~ 25 °C，如果在气温较低的高山区或播种初期温度较低，应加盖塑料薄膜或覆盖树叶、稻草，以提高地温。在夏季气温较高的地区，应在苗床上搭遮阳棚，并在四周浇水以降低温度。

（2）控制湿度

苗床内应经常保持潮湿，除播种时在播种穴内灌足水外，播种后还要注意经常检查湿度的变化。春夏干旱时，应及时浇水，保持土壤潮湿；秋天雨水过多时，应在四周开挖排水沟，以防止种植穴内积水。

天麻有性繁殖的田间管理除应注意温、湿度调节外，还应防止人畜的践踏和注意病虫害的防治。

（3）收获

天麻种子播种后，中途不能翻动，以免影响幼麻的生长。如果各方面的条件均较好，一般在播种当年的 11 月底天麻种子就能发育形成白麻和米麻，休眠后便可作为种麻进行无性繁殖（附录 K 图 K15）。

### 3.2.3　天麻的无性繁殖

利用白麻、米麻作为繁殖材料种植天麻的方法称为天麻的无性繁殖。这种种植方法操作简单，容易掌握，而且从播种到收获不到一年的时间，见效快。所以，绝大多数地区主要采用无性繁殖种植天麻。如果选用有性繁殖的第一期、第二期白麻作为种麻，选择适宜的种植时间和种植方法，加之科学管理，满足天麻和蜜环菌生长的各种条件，种 0.5 kg 白麻一般可收获 3.5 ~ 6 kg 天麻，高的可达 10 ~ 15 kg（祁岑，2006）。无性繁殖方式种植的天麻在采收时也有部分白麻和米麻，如果繁殖不超过四代，这些白麻和米麻也可以作为种麻继续种植。

#### 3.2.3.1　时间选择

天麻无性繁殖种植时间，一般都是在天麻的采收季节。多数天麻产区习惯在采收天麻时，边收边种，即在采收天麻时，按照无性繁殖对种麻的要求，将白麻和米麻挑选出来后，立即种植。若冬季温度太低，种麻不利于在野外越冬，也可将种麻贮存于室内，待来年 1—3 月气温稍有回升时再种植，前者称冬栽，后者称春栽。

#### 3.2.3.2　种麻选择

作为无性繁殖材料的白麻和米麻，种植前必须经过严格的选择。种麻重量以 10 ~ 30 g 为好。太大的白麻，往往是退化的表现，应直接作为商品麻。米麻也是很好的繁殖材料，但栽后翌年一般只能形成白头麻。

留种用的白麻在栽培前必须进行严格的选择：

（1）体形纺锤形，芽眼明显。

（2）外表黄白色、新鲜、生长点嫩白、无失水现象。褐色为退化的表现，不宜选用。

（3）无病虫危害，无机械损伤，表面无蜜环菌菌索侵染。特别要剔除有介壳虫危害的种麻。

（4）多代无性繁殖的种麻不能使用。随着繁殖代数的增加，天麻块茎的增殖能力会逐渐减弱，通常到第四代后，增殖能力已经很弱，不能再用作种子。

#### 3.2.3.3 种 植

1. 开挖种植穴（畦）

劳动力较少时，种植前应开挖好种植穴（畦），以备种植时使用，劳动力多也可以在种植时现挖。种植穴（畦）的大小一般以 60 cm×40 cm 为准，在实际生产中可根据种麻性质和地形稍有扩大或缩小，用有性繁殖的第一、二代天麻做种，因其抗病能力较强，种植穴（畦）可以稍大一些，用无性繁殖的白麻和米麻做种，因其抗病能力较弱，种植穴（畦）不宜过大。与有性繁殖相同，种植穴（畦）的高度也应根据当地地理环境、气候条件、种植场地坡度坡向、土壤性质等因素确定。一般种一层以 20 cm 为宜，种两层以 25 cm 为宜，过高，种植层湿度大，透气性也较差，影响蜜环菌和天麻生长；过低，种植层地温高、湿度小，不耐旱，同样影响蜜环菌和天麻生长。挖出的泥土堆于播种穴的一侧，以备种植时使用。种植（畦）穴底部泥土要挖松、整平，以利透水。

2. 树枝、树叶和树棒处理

在播种前 1 ~ 2 d，将树枝、树叶、树棒用水泡透，沥干水，运到种植场地备用。现砍的新鲜树枝、树棒可以不泡。

3. 栽 培

在雪峰山山脉种植天麻一般采用菌种新材栽培法，即“三下锅”栽培法：新鲜菌材、蜜环菌菌种和种麻一同下地栽培。在每年的 11—12 月期间，也可在第二年 2—3 月，在选定栽培天麻的地方做畦，畦高 20 ~ 30 cm、宽 80 ~ 120 cm，两畦间留 50 cm 宽为操作过道。畦底铺 3 ~ 5 cm 厚的沙土，然后铺上一层 1 ~ 2 cm 预先准备好的树叶，在树叶上横放一层直径 8 cm 以下、长度 30 ~ 40 cm 长的菌材（大于 8 cm 的菌材要劈开成两块），铺放新材的间距为 3 ~ 5 cm，在两菌材之间的空隙上均匀铺放一层粗 2 ~ 3 cm、长 4 ~ 5 cm 的短枝条，在短枝条上再铺放蜜环菌三级菌种，每平方米用 3 ~ 4 袋。用沙土将短枝条盖平，在菌材的间隙中间和两端放置种麻，种麻脐部紧贴蜜环菌。最后覆土 10 ~ 15 cm，顶部覆盖一层茅草或树叶保温、保湿（附录 K 图 K16）。

这种栽培方法，要求菌材长度 30 ~ 40 cm，直径大于 8 cm 的菌材要劈开成两块，便于蜜环菌能够较快定殖，菌材利用率高，相同菌材的天麻产量要比传统的长条大块菌材高出 30% 左右，是天麻低碳种植的关键之一。

另一种推广范围较大的栽培方法是固定菌床栽培法（附录 K 图 K17）。一般在每年 5—8 月培养菌床，栽种天麻时，揭开菌床上的覆盖物，取出上层菌材，下层不移动。在下层菌床之间挖一个小洞，放入种麻，种麻间距为 15 cm 左右，填上 3 ~ 5 cm 的土层。再把先取出的菌材放回原来的位置，放入种麻，覆盖 10 ~ 15 cm 土层和茅草。这种方法的优点是可以就地培养菌床，就地栽种天麻，并使天麻和蜜环菌更快地建立共生关系，接种快、效率高，减少了杂菌污染；缺点是培养时间长，增加了管理时间。

4. 田间管理

在自然条件下常常会遇到温度过高或过低、水分过多或过少等不良环境条件，或者因病虫危害影响天麻的生长。因此，天麻栽培后必须重视和加强田间管理，这样才能保证天麻生产取得成功。

（1）防冻　天麻对低温有一定适应能力。但在高山寒冷地区，如果遇到连续低温天气，土壤温度低于-5 °C，就超过了天麻忍受的最低温，会造成天麻冻害。或遇到寒潮等气温骤降的天气，也容易造成天麻冻害，使天麻局部组织坏死或整个麻体腐烂。因此，在南方地区要选择向阳坡及一些避风地方栽培，用茅草或树叶覆盖畦面（或穴面）。在北方地区 3—4 月常有连续的“倒春寒”，则可在畦面（或穴面）上覆盖地膜或树叶。

（2）防旱　天麻和蜜环菌都需要水分才能生长，干旱会造成天麻新生芽幼芽的大量死亡，尤其在南方早春 1—5 月和北方夏天 7—8 月的干旱，会对天麻接菌和膨大造成巨大的影响。一般要求土壤湿度保持在 40%左右。如遇久旱，应及时浇水，盖草保湿。

（3）防涝　土壤水分过多，会对天麻和蜜环菌的生长都造成危害。因此，对于因地形原因不利排水时，应开好排水沟。当雨季来临，降水量多且持续时间长时，也应注意挖好排水沟，做好排水防涝工作。

（4）覆盖　天麻栽种后，应用茅草或树叶进行覆盖，以减少水分蒸发，保持土壤湿润，冬季还能防冻，且有抑制杂草生长和雨水冲刷造成土壤板结的作用。

（5）控温　当夏季到来时，畦温升至 25 °C 以上时，必须采取降温措施，如搭建遮阴篷，加厚盖土、加盖树叶和茅草，使土壤温度降到 25 °C 以下。在北方种植天麻，当春季解冻后，气温高于畦温，此时要把盖土去掉一层，以提高土壤温度。

（6）防止践踏　在天麻种植区，人畜容易到达的地方应修建防护栏，防止人畜践踏，并做好防止山鼠、蚂蚁等害虫。

### 3.2.3.4　天麻林木抚育

天麻产业发展需要消耗大量的木材，因而时常发生乱砍滥伐现象，有破坏生态环境的趋势。随着天然林保护工程的实施，林木禁伐，天麻菌材减少，天麻产业发展与林业生态建设产生一定的冲突。因此，加强天麻林木的抚育是天麻低碳种植的重要环节。

1. 速生性

天麻菌材主要以直径 6 ~ 10 cm 为宜，因此，对天麻菌材树种的选择要考虑其是否具有速生的特点，以树龄小于 10 年为宜。

2. 易繁性

天麻菌材树种的选择要考虑其萌生能力或育苗及造林的难易程度，选择易于种子繁殖、易育苗、易成活且萌生能力强的树种。

3. 耐腐性

根据天麻生产的特点，天麻菌材树种要具有一定的耐腐性，以保证菌材能使用 1 年以上。

4. 广布性

天麻菌材要选择当地有自然分布的树种，从而降低天麻生产成本，增强天麻种植抗风险的能力。一些经济林木如蚕桑树、板栗树和苹果树等修剪下的枝条或淘汰的老树也可用作菌材段木或短枝使用。

## 3.3 天麻生态种植和仿野生种植

近年来，在科学种植技术以及农业管理水平不断提升的基础上，越来越多的天麻主产区依托自身优越的自然气候条件和丰富的林业资源，将保护生态环境、助农增收致富和特色产业发展相结合，创新性地发展诸如仿野生林下天麻种植等新的种植模式。优越的自然环境及完全仿野生的栽种方法保证了天麻的上乘品质，实现发展地方产业和保护自然环境的共赢发展。

### 3.3.1 生长环境

#### 3.3.1.1 地理条件

野生天麻主要分布于北纬 22° ~ 46°，东经 91° ~ 132°内，其中包括中国、印度、不丹、尼泊尔、朝鲜、日本及俄罗斯远东地区。我国是野生天麻分布最广的国家，主要产于云南、贵州、四川、陕西、湖南、湖北、吉林、辽宁、内蒙古、河北、甘肃、安徽、浙江、江西和台湾等地。天麻属高海拔条件下生长的药用植物。高山地区具有夏季冷凉多湿，冬季积雪厚的气候特点，这些地区山高林密，枯枝落叶层厚，且覆盖面积大，天麻不易受冻害威胁。天麻的垂直分布与气候条件有关，野生天麻大多分布在海拔较高的山区，如在我国西南地区的四川、云南、陕西和湖北等地一般都生长在 800 ~ 2500 m 的高山区，湖南省野生天麻多分布在 800 ~ 1300 m 的高山地带（李景惠，2002；邢康康等，2016）。在较大的山谷之中、高山之下、平坦之地，由于通风良好，有利于蜜环菌摄取更多的氧气，迅速生长，也有利于天麻有性生殖时借助一定的风力传播种子，这些地方常常容易发现野生天麻。天麻这种垂直分布的特点，给人工栽培带来了较大的困难。人工栽培天麻需模拟和创造高山地区的气候条件，以满足天麻生长发育的要求，才能获得成功。研究表明，对黔西北地区来说，在海拔 1800 m 处栽培红天麻能获得较高的产量和经济效益（曾勇，2011）。

#### 3.3.1.2 温度要求

温度是影响天麻生长发育的首要环境因素。天麻一般适合生长于温暖气候条件下，同时也具有较强的耐寒能力。总的说来，天麻在夏季喜冷凉潮湿气候条件，当土层的温度升至 10 °C 以上时，天麻的顶芽开始生长活动；当温度升到 20 °C 时生长迅速，升到 30 °C 以上时天麻生长受到抑制；而且如果高温持续时间长，将导致天麻腐烂而严重减产（刘炳仁，1992）。当土层的温度降至 10 °C 以下时，天麻则停止生长进入休眠状态。天麻比较耐寒，在-3 ~ 5 °C 可安全越冬；当温度降至-6 °C 以下时天麻便出现冻害。但在温度变化平缓的高山区，即使温度降至-6 °C 以下也不会出现冻害；在温度升降幅度大的低山区，土层的温度在-6 °C 以内时，天麻也往往因缓阳冻而致死，这是低山区天麻不能越冬的根本原因。

#### 3.3.1.3 湿度条件

水是天麻块茎的重要组成部分，也是天麻生命活动的必要条件。成熟的天麻块茎含水量在 80%左右。天麻产区的年降水量一般都在 1000 mm 以上，南方一些产区降水量在 1700 mm 左右，平均相对湿度为 70% ~ 80%。阴雨连绵、多雨潮湿的气候条件，最适天麻的生长。

天麻在不同生长发育季节的需水量也是不同的。4 月初，块茎开始萌动，也需要蜜环菌为天麻提供营养，因此天麻需要接上蜜环菌，此时要保持一定的土壤湿度。在有性繁殖中，尤其在开花季节，如遇干旱将影响种子收获。6—8 月是天麻的生长季节，需要为天麻提供较多的水分，此时充沛的降雨和及时灌溉是保障天麻高产的重要条件。9 月下旬，土壤水分不宜过高，否则蜜环菌生长过盛，会造成蜜环菌抑制和反噬天麻的现象。由于天麻产区雨量较大，土壤含水量一般都在 40% ~ 50%甚至以上，能够满足天麻生长发育的水分要求。研究表明，天麻品种不同、发育阶段不同，受干旱的影响程度也不同。水分对天麻总产量、箭麻产量、白麻产量和米麻产量的影响程度不同，对天麻总产量和箭麻产量的影响大于对白麻和米麻。杂交天麻有利于减弱水分胁迫的影响，在同等水分胁迫条件下，杂种天麻的箭麻、白麻和米麻产量均明显高于红天麻和乌天麻（段宁，2006）。

#### 3.3.1.4 植被条件

植被条件是指天麻生长地覆盖的植物群落。天麻是异养型植物，在生长发育过程中要求有一定的伴生植物，如乔木层在南方以青冈、水冬瓜、栗等植物为多，北方主要是柞、桦和色木等植物。灌木层在南方主要是竹林，北方以榛为主。草本层以苔藓及蕨类为主。上述各类伴生植物中除草本植物外，多数为蜜环菌寄生或腐生较好的寄主对象，成为天麻的营养物质来源。由于这种营养关系使天麻与伴生植物有机地联系在一起，因此野生天麻的分布常与林相的改变呈规律性变化。北方麻农据此总结出一些寻找野生天麻的经验：看地上找地下，看树种挖天麻，桦树“泊子”产天麻（李昌华，1963）。在天麻种植过程中需要消耗大量木材，为了提升天麻生产的生态效率，需要解决森林资源保护与发展地方经济的矛盾，推进菌材依法利用与保护（赵施迪，2015）。

#### 3.3.1.5 土壤条件

土壤质地与天麻的分布有密切关系。天麻喜通风、半阴半阳、潮湿和温暖的环境，在阴坡的山地暗棕壤和黄棕壤中，土壤质地常常较为疏松、肥沃，表层聚积数厘米厚的枯枝落叶层，并覆盖着数厘米厚的半分解的黑色腐质层（蔡戟，1997）。一般在土层深厚且土质肥沃的腐殖质土中，由于植物的根量较大，蜜环菌发育良好，天麻则生长健壮、产量高，野生的“窝子麻”都是在这样的土壤条件下形成的；而土层较浅的黏重土壤透气性差，透水性也差，遇渍水过多时，天麻发育差且产量低，甚至会造成天麻腐烂死亡。

### 3.3.2 种植环境选择

天麻的品质和药效与其生长的环境密切相关（张琴，2018）。气候是影响天麻生长的主要因素之一。天麻生长对自然气候和地势条件有较严格的要求，天麻和蜜环菌的适宜温度为 15 ~ 25 °C，温度过低会导致天麻生长缓慢，营养不良；温度过高则会导致天麻块茎腐烂，造成减产或决收。从采挖野生天麻的过程中发现个头大、生长密、产量高的天麻群体，都有一个共同特点：腐叶层厚麻破地，土壤疏松气不闭，林荫七分阳光少，四季水分各相宜（张东祥，2001）。天麻适合凉爽、湿润的环境，忌冻、忌旱、忌高温、忌积水，以夏季土壤温度不超过 25 °C、年降雨量在 1000 ~ 1600 mm、空气湿度在 80% ~ 90%、土壤含水量在 40%左右的环境条件为宜。土壤以透气性好、土质疏松肥沃、排水良好、pH 在 5.3 ~ 6.5 的沙质壤土或腐殖质土为佳。这些近乎苛刻的生长条件注定了天麻只能在部分地区生长，而且不适合在田间种植，因此天麻的生态种植和仿野生种植通常在海拔高、坡度缓、降雨量大、湿度大、遮阴度高、土壤肥沃的林下或阔叶树间。由于天麻种子萌发时需要萌发菌为其提供所需的营养，萌发菌生长则主要以阔叶的腐叶为食；另外，天麻种子萌发后，需要蜜环菌为其提供后期生长所需的营养，蜜环菌生长需要避光，因此天麻的栽培环境适宜在有利于萌发菌生长且遮阴避光的林下环境或阔叶树间。这种林下种植模式也符合中药材生态农业的总体思路，即不与农田抢地，不与草虫为敌，不惧山高林暗，不负山水常绿。

### 3.3.3 天麻种植与管理

天麻栽培有多种不同的模式，但无论采用哪一种模式，种植天麻都需要消耗大量的木材。如何在保护好森林资源的同时充分利用其优势发展林下种植，解决好森林资源保护、发展天麻生产与农户增收脱贫的问题一直备受关注。目前在我国武陵山区、乌蒙山区、秦岭以南、大别山区等天麻主要产区多采用仿野生种植的方式。

天麻的仿野生种植主要通过模拟建立野生天麻的生态系统，实现天麻的规范化栽培，以提高栽培天麻质量，保障天麻的可持续利用，改善生态环境，真正做到人与自然和谐共处。天麻仿野生栽培的生态种植模式，具有一定的安全性、地域性和效益性。采用仿野生种植技术，将天麻病虫害控制在安全线以内，从而实现天麻的种植既不破坏生态平衡，又能保障优良的品质和较高的产量。

#### 3.3.3.1　选　地

天麻对生长环境的要求极为苛刻，稍有不符，都不利于其生长。选择海拔在 1000 ~ 2800 m，夏季最高温度不高于 30 °C、潮湿、酸性或微酸性的沙壤土，且土壤必须为生荒地（附录 K 图 K20）。在较低海拔地区，可以选择阴山地块，在中海拔地区可以选择半阴半阳的地块，在高海拔地区则必须选择阳山地块。地势整体的趋势要呈现平坦的状态，局部可以有斜坡。

#### 3.3.3.2　开挖种植穴（沟）

天麻仿野生林下种植模式主要以沟式和穴栽为主。每年的 4—6 月，将地块内小灌木丛清除，并开始挖种植穴（沟），在挖沟制穴时顺应林下地势的走向，栽培天麻的种植穴（沟）规格大小一般为长 60 ~ 80 cm、宽 40 ~ 50 cm、深 20 cm（王玉川，2019），也可以根据地形进行适当的调整。按照每亩（1 亩≈666.7 $m^2$）地栽培 200 穴左右的标准挖穴。

#### 3.3.3.3　栽　培

种植穴挖好后，选用桦木、花楸等生长快的速生菌材和青冈、椤树、板栗等生长慢的慢生菌材搭配使用，速生菌材容易被蜜环菌侵染，但营养供给时间短，慢生菌材不容易被蜜环菌侵染，但营养供给时间长。将木材砍成长约 15 cm、直径 5 ~ 8 cm 的木段，按照一定的比例搭配使用。首先在穴（沟）底平铺一层湿润树叶，随后顺次摆放 5 根木段，在每根木段的两端各放置 1 个蜜环菌菌块，菌块与木段、土壤之间的间隙要小，避免杂菌污染。在木段间隙中再均匀放置 2 ~ 3 块蜜环菌菌块，将麻种紧靠在菌种旁平放，每平方米用麻种 350 ~ 400 g。摆放好菌块和麻种后，将原坑中土壤填回至木段表面 10 ~ 15 cm 成龟背形，浇水 10 kg 左右，最后上覆一层厚树叶以保持湿润度（附录 K 图 K21）。

天麻仿野生栽培还可以采取另一种种植方式（王艳红，2018）：在适宜的季节和时间点，先培育好成熟的蜜环菌菌材并长出菌索之后再下播麻种。此举不仅可以调节和合理利用空闲季节的人工，还可保障栽培的天麻外形回归自然生长的椭圆形，获得更高的经济效益。

#### 3.3.3.4　栽种后管理

天麻栽培完成后，需要对栽培天麻的地块进行适当的管理，天气久晴时，要覆盖上一层杂草，减少土壤中水分的蒸发，利于天麻在土壤中的生长。栽培地块有积水时，要及时排水，以免天麻在浸泡的过程中腐烂。同时，还要防止人畜践踏，特别是在天麻成熟的时候，防止野猪啃食天麻。

## 3.4　天麻种植中“烂窖”微生物研究

天麻种植过程中，经常发生“烂窖”，影响天麻产量和品质。天麻烂窖原因复杂，本节通过探究湖南地区天麻种植过程中“烂窖”微生物群落组成，以期揭示天麻“烂窖”原因，为寻找预防天麻“烂窖”方法提供指导。

天麻是国家“十二五”科技支撑计划、国家“十三五”重点研发计划中给予重点支持的药材大品种。雪峰天麻是由湖南博世康中医药股份有限公司培育和驯化的品种，因栽培于雪峰山高山腹地而得名。目前，在怀化及周边区域发展高山仿野生种植雪峰天麻 3000 亩，年产优质杂交天麻零代种子 10 万千克，商品天麻 60 万千克，属湖南区域特色产品。2017 年夏秋季节，在湖南遂宁地区的天麻种植中“烂窖”现象严重，甚至造成绝收，而目前关于天麻“烂窖”的研究鲜见报道。本研究通过高通量测序技术研究了雪峰天麻种植窖的真菌群落，分析比较其组成、丰度和遗传多样性，以期为天麻“烂窖”的生物防治提供理论依据。

## 3.4.1 材料与方法

### 3.4.1.1 样品采集

天麻 2017 年 11 月采挖，位于绥宁县寨市乡六鹅洞村黄桑自然保护区商品麻种植基地（海拔 1120 ~ 1140 m；周围植被为常绿阔叶林；土壤为沙黄壤，团粒结构，田间最大持水量为 48.01%；年平均气温为 15.7 °C，7 月均温为 18.3 °C，1 月均温为 1.7 °C，年平均降水量为 1421.2 mm）。正常未出现腐烂的窖标记为 CK 组，窖中腐烂程度<30 的标记为 HH 组，腐烂程度>80%的标记为 ZJ 组。

### 3.4.1.2 实验方法

1. 烂窖天麻中微生物种类的初步确定

用流水清洗天麻块茎表面的泥土残渍，晾干水分，并切去表面腐烂部分，将中心已被侵染组茎放入 75%乙醇中处理 3 min，无菌水冲去残留的乙醇，再置于 25% NaClO 溶液中浸泡 10 min，无菌水冲去残留的 NaClO，将消毒的组织切成边长约为 1 cm 的小块后，置于新鲜的 PDA 琼脂培养基中和 LB 琼脂固体培养基中，分别在 25 °C 和 37 °C 培养。

2. 烂窖天麻组织中总 DNA 提取与测序

按照全妙华（2018）所报道的方法提取总 DNA 和扩增真菌 ITS1 区，对扩增产物进行纯化、定量及均一化，形成测序文库。由美因基因通过 Illumina MiSeq 测序平台进行高通量测序，每个样本 2 个重复。

3. 数据处理

（1）有效序列和优化序列数据统计

测序得到的原始下机数据（Raw reads）经过拼接、过滤，得到 Clean Tags，Clean Tags 经过嵌合体的去除得到有效数据（Effective Tags），基于质控合格的有效数据进行后续生物信息分析：根据特定的阈值（默认选取 97%）进行 OTU 聚类，结合微生物 Unite 数据库进行物种注释和物种分类分析；后续基于 OTU 的分析，获得样品的丰度信息、样本内 α 多样性指数和

样本间 β 多样性指数信息。

（2）基于 OTU（Operational taxonomic units）的分类学分析

为了得到每个 OTU 对应的物种分类信息，采用 USEARCH 方法将序列相似性达到 97%的序列聚类成一个 OUT。

（3）群落多样性分析

群落物种的丰富度（Richness）和多样性（Diversity）分别用 Chao1、Goods_Coverge、Observed_OTUs 指数和 Shannon、Simpson 指数表示。Chao1、Goods_Coverge 和 Observed_OTUs 指数是对菌群丰度进行评估，Shannon 和 Simpson 指数是对菌群多样性进行评估，Shannon 值越大，表明菌落多样性越高，Simpson 值越大，表明菌落多样性越低。通过箱型图直观反映组内物种多样性的中位数、离散程度、最大值、最小值和异常值。同时通过 Wilcox 秩和检验和 Tukey 检验分析组间物种多样性差异是否显著。选用 Bray-Curtis 距离来衡量两个样品间的相异系数。

（4）群落结构及相关性分析

Anosim 和 MRPP 分析用于比较组间群落结构差异是否显著，同时还比较组内差异和组间差异的大小。

### 3.4.2　结果与分析

#### 3.4.2.1　腐烂天麻组织中微生物种类的初步确定

腐烂天麻的种类主要有以下 5 种，切取的腐烂天麻组织材料如图 3-1 所示。通过对腐烂的天麻组织进行组织分离，培养后长出的均为霉菌（图 3-2）。

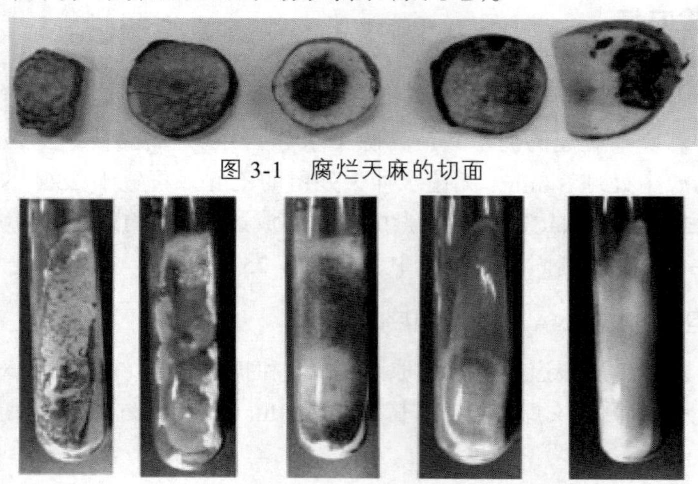

图 3-1　腐烂天麻的切面

图 3-2　组织分离的霉菌

#### 3.4.2.2　OUT 聚类分析及韦恩图分析

高通量测序完成后进行数据分析，首先获得拼接成的 Tags 数据，将拼接的 Tags 经过优化后，在 97%相似度下将其聚类为用于物种分类的 OUT（Operational taxonomic unit）（表 3-1），根据 OTU 的分析结果绘制的 Venn 图见图 3-3。

表 3-1　样品中真菌 Tag 及 OUT 数目

| 样品 | Tag 数 | OUT 数目 |
|---|---|---|
| CK1 | 293 737 | 1399 |
| CK2 | 163 062 | 918 |
| HH1 | 269 872 | 1114 |
| HH2 | 434 983 | 1787 |
| JZ1 | 225 080 | 853 |
| JZ2 | 464 474 | 2168 |

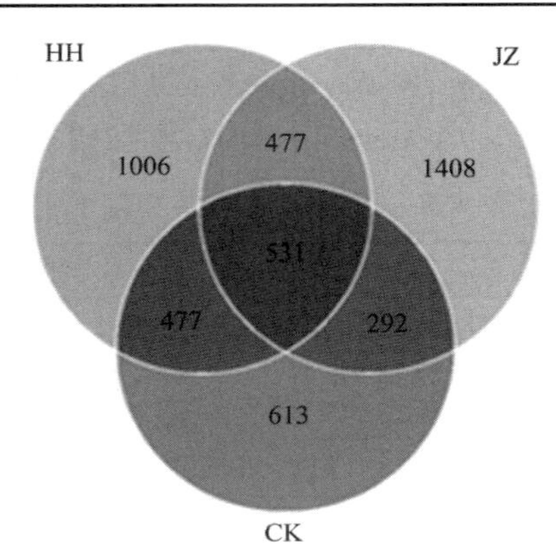


图 3-3　窖中天麻组织内真菌 OUT 韦恩图

### 3.4.2.3　门水平群落结构

由图 3-4 可知，样品组 HH、JZ 和 CK 和黄棕壤根际真菌群落在门类水平上可划分为 5 大类群，其最主要类群均为子囊菌门（Ascomycota），相对丰度分别为 80.56%、92.41%和 69.44%；其次是担子菌门（Basidiomycota），相对丰度分别为 16.67%、2.50%和 24.07%；其他类群含量均相对较少。

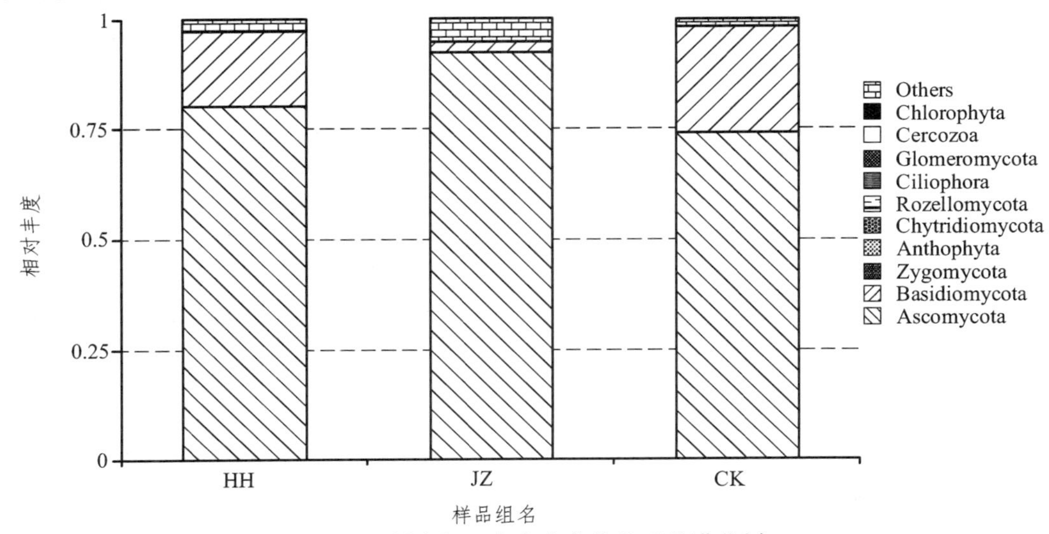


图 3-4　烂窖组天麻中真菌物种系统进化树

#### 3.4.2.4　烂窖天麻中真菌物种多样性分析和显著性分析

按丰度排序，天麻样品真菌物种前十优势属丰度如表 3-2 所示。在属水平上，烂窖天麻样品真菌主要有 *Cladophialophora*、*Leptodontidium*、*Candida*、*Cyberlindnera*、*Trichoderma*、*Ilyonectria*、*Thanatephorus*、*Sakaguchia*、*Cuniculitrema* 和 *Trichosporon* 等。其中在对照组中 *Cladophialophora*、*Leptodontidium*、*Candida*、*Cyberlindnera*、*Ilyonectria*、*Thanatephorus* 和 *Trichosporon* 为优势类群（相对丰度>4%）；HH 组中 *Cladophialophora*、*Leptodontidium*、*Candida*、*Cyberlindnera*、*Trichoderma* 和 *Trichosporon* 为优势类群；JZ 组中 *Leptodontidium*、*Candida*、*Trichoderma* 和 *Trichosporon* 为优势类群。对比可以看出，在腐烂过程中天麻组织中的真菌 *Candida*、*Trichoderma*、*Cuniculitrema* 和 *Sakaguchia* 的相对丰度均显著提高，*Thanatephorus*、*Cladophialophora*、*Cyberlindnera*、*Ilyonectria* 的相对丰度明显降低。

表 3-2　烂窖天麻样品中真菌群落在属水平上的分布

| 属 | 相对丰度/% | | |
|---|---|---|---|
| | CK 组 | HH 组 | JZ 组 |
| *Cladophialophora* | 10.7 | 7.33 | 2.09 |
| *Leptodontidium* | 5.55 | 4.57 | 5.94 |
| *Candida* | 36.15 | 46.2 | 62.24 |
| *Cyberlindnera* | 21.00 | 14.69 | 3.30 |
| *Trichoderma* | 3.46 | 9.9 | 16.87 |
| *Ilyonectria* | 5.32 | 1.79 | 3.52 |
| *Thanatephorus* | 9.35 | 0.11 | 0.11 |
| *Saka guchia* | 0.07 | 1.74 | 0.55 |
| *Cuniculitrema* | 0.29 | 1.70 | 1.31 |
| *Trichosporon* | 5.74 | 11.79 | 4.06 |

组间群落结构差异显著性分析见表 3-3，其中 Anosim 分析的 $R$ 值均≤0，表示各组间差异并不大于组内差异；Anosim 分析和 MRPP 分析的 $p$ 值均>0.05，说明各组间群落结构并无显著性差异。

表 3-3　组间群落结构差异显著性分析

| 样品 | Anosim 分析 | | MRPP 分析 | | | |
|---|---|---|---|---|---|---|
| | *R*. value | *p*. value | *A*. value | Observed delta | Expected delta | *p*. value |
| HH，JZ | −0.25 | 0.685 | −0.1687 | 0.9183 | 0.7857 | 0.667 |
| HH，CK | −0.25 | 0.661 | −0.0369 | 0.8192 | 0.7901 | 0.667 |
| JZ，CK | 0 | 0.67 | 0.0077 | 0.8318 | 0.8383 | 0.667 |

### 3.4.3　结论与讨论

通过对比健康组天麻表面的真菌种类和烂窖天麻组织中的真菌种类，发现它们的真菌种类的前十优势属是相同的，从不同组样品的微生物群落丰度的差异分析结果可知，烂窖组与健康组并无显著差异（$p>0.05$）。2017 年夏秋季节，在湖南绥宁地区爆发的天麻“烂窖”，很可能是当地夏季高温高湿天气造成的（年平均气温>15.0 °C，年平均降水量>1400 mm）。天麻在生长期温度为 10 ~ 30 °C，最适温度为 12 ~ 15 °C，当温度大于 30 °C 时蜜环菌和天麻生长都受到抑制（廖波，2018）。根据蜜环菌胞外漆酶、果胶酶和纤维素酶的活性对温度的响应特征，蜜环菌生长适宜温度 24 °C（曾春函，2019）。绥宁县位于邵阳市境西部边陲 26°16′ ~ 27°8′、东经 109°49′ ~ 110°32′，相对偏南，夏季出现 30 °C 以上高温的频率较高，七月平均气温 26.7 °C，极端高温接近 40 °C，从地理位置上来看，并不适合大规模栽培天麻。

为了避免天麻种植过程中的“烂窖”，可以从选择更适宜的栽培地点，改善栽培方式、选取适宜菌材，严格控制蜜环菌的菌龄、杂菌感染以及改善土壤菌群等方面入手。2018 年我们在湖南洪江市龙船塘乡乇犬村的杉木林地进行了林下仿野生天麻栽培（该地海拔为 1067 ~ 1093 m，土壤为黑色腐殖质土壤，土质疏松，年平均气温为 12.7 °C，年平均降水量为 1485 mm），采用当地的壳斗科白栎和板栗为菌材，接种菌龄小于 90 d 的健壮蜜环菌，天麻试点种植面积约为 200 亩，亩产可达 250 kg，采挖过程中未发现烂窖现象。

## 参考文献


[1] 王绍柏，余昌俊. 天麻的新法栽培[J]. 林业科技通讯，1995（9）：38-39.

[2] 兰进，徐锦堂，李京淑. 蜜环菌和天麻共生营养关系的放射性自显影研究[J]. 真菌学报，1994，20（3）：219-222.

[3] 庄毅，王永山，张卫芳，等. 天麻第二营养应用研究：第二营养与天麻的产量[J]. 中药材，1992（8）.

[4] 周铉. 天麻形态学[M]. 北京：科学出版社，1987.

[5] 徐锦堂，郭顺星. 天麻种子萌发菌——紫萁小菇（简报）[J]. 中国医学科学院，1988，10（4）：270.

[6] 冉砚珠，徐锦堂. 紫萁小菇等天麻种子萌发菌的筛选[J]. 中国中药杂志，1990（5）：17-20+63.

[7] 李方安，潘燕，秦芸. 紫萁小菇生物学特性的初步研究[J]. 中国农学通报，2013，29（25）.

[8] 冉孝琴. 贵州天麻萌发菌优良菌株的筛选[D]. 贵阳：贵州师范大学，2014.

[9] 王绍柏，詹亚华. 宜昌天麻育种和栽培技术研究[C]//全国第 5 届天然药物资源学术研讨会论文集. 2002.

[10] 黄先敏，陈顺芳，祁岑. 天麻有性繁殖播种技术[J]. 昭通学院学报，2011，33（5）：22-24.

[11] 祁岑，陈顺芳，黄先敏，等. 天麻无性繁殖技术[J]. 昭通师范高等专科学校学报，2009，31（5）：40-41.

[12] 杨先义，李永荷，罗永猛，等. 天麻规范化采收加工及分级[J]. 中国林副特产，2015（4）：47-48.

[13] 崔军娜，张玉林，李兵. 天麻仿野生高效节材栽培技术[J]. 农村实用科技信息，2001（12）：16.

[14] 王玉川，何海艳. 浅谈昭通天麻仿野生栽培技术的规范化管理[J]. 农村实用技术，2019，207（2）：54+56.

[15] 张琴，张东方，孙成忠，等. 气候特征与药用植物地理分布的数值分析——以四川省为例[J]. 中国现代中药，2018，20（2）：145-151.
[16] 王艳红，周涛，江维克，等. 天麻林下仿野生种植的生态模式探讨[J]. 中国现代中药，2018，20（10）：23-26.
[17] CAPORASO J G, KUCZYNSKI J, STOMBAUGH J, et al. QIIME allows analysis of high-throughput community sequencing data[J]. Nature Methods, 2010, 7(5): 335-336.
[18] 廖波，程李. 贵州天麻栽培气象条件分析[J]. 农民致富之友，2018（19）：60.
[19] 曾春函，王传华. 我国主要蜜环菌生物种胞外酶活性对温度的种特异性响应[J]. 菌物学报，2019，38（2）：195-209.
[20] 全妙华，佘朝文，陈东明，等. 基于高通量测序的两种典型忽地笑栽培土壤根际真菌群落多样性[J]. 微生物学通报，2018，45（10）：2105-2111.

# 天麻的采收与加工方法

作为名贵中药材，天麻的采收与加工是提高商品质量最关键的环节。稳定的原料质量是天麻发挥功效及产业化加工的重要保障。从新鲜天麻到各种天麻产品，经过了采收、初级加工、分级以及贮藏等环节。同时，天麻商品价值高，商品天麻的分级和贮藏也很重要，对于行业发展及现代化综合开发利用具有重要意义。本章将对天麻的采收、加工、分级和贮藏方法进行论述，并就当下天麻产业现状和存在的问题及对策进行探讨，以期为天麻现代化产业化加工开发利用提供有关资料和技术参考。

## 4.1 天麻采收和加工

本节就天麻最佳采收时间以及天麻采收需要注意的事项进行探讨，以期为后续的天麻规范化加工奠定基础。

### 4.1.1 采收时间

天麻的采收和栽培可以同时进行，即边采、边收、边播种，把商品麻选出来加工成商品。一般天麻宜在立冬前后采挖，采挖时，应在天晴土爽之时，忌在雨天或雨天过后 1 ~ 2 d 内采挖。采挖时，需准备两类筐或箱，一类专装种麻，一类专装商品麻。其中种麻及时播种或按要求运输贮藏，商品麻及时加工干制。

但是我国天麻产区分布广，自然地理条件、栽培时间和方法等方面差异较大，所以收获时间的确定应因地制宜，不能一概而论。一般应根据当地的自然环境条件、栽培时间和方法等来确定，总的原则是：要在天麻停止生长或经过休眠将恢复生长前采收，既不影响天麻品质，又不会产生冻害，还有利于栽培。在我国北方地区，气温下降较早，天麻年生长时间短，一般在 9 月下旬至 10 月上旬就停止生长开始休眠，且冬季严寒易使天麻受冻，故应在 10 月上旬收获并及时予以防冻贮藏或加工；在我国南方如西南地区，冬季来临较迟，又不十分寒冷，天麻年生长周期长，通常在 10 月下旬至 11 月上旬才停止生长进入休眠，可在 11 月下旬至 12 月收获，也可以在翌年 3 月下旬前收获，用作种麻的可随收随种；在我国低海拔引种地区，天麻年生龄周期长，收获可以更延迟一些。

即使在同一地区，也应根据海拔、当年气候变化以及天麻的长势不同，灵活掌握采收期。过早收获，天麻尚在继续生长，块茎小、水分多、品质差，不仅降低产量，而且影响产品质量；过迟采收，天麻块茎又重新萌发生长，块茎营养消耗，品质下降，且易遭受冻害及地下害虫、鼠类的危害。在逆境条件下，蜜环菌会发生反消化，吸取天麻中的营养物质因而影响天麻质量。

早在我国古代就有对天麻采收时间的论述：宋代苏颂在《图经本草》中记载凡采药，其根物多以二月、八月采者，谓春初律润始萌未衔枝叶，势力淳“浓故也，至秋枝叶干枯津润归流于下，今即事验之，春宁宜早，秋宁宜晚，具此文意，采根者须晚秋之后、初春之前、欲其苗梗枯落，至未萌芽时气味正完，乃可采耳。”这段精辟的描述，指出了天麻应在“晚秋之后，初春之前”采挖。

徐锦堂通过多年研究认为，不管冬栽春栽或夏播的天麻，都应在其休眠期收获。深秋季节随着气温的下降，天麻在完成年度的生长发育之后，箭麻、白麻和米麻已逐渐分化生长完毕，内含物已“元浆定型”，开始进入休眠期。此时块茎表面颜色加深，由幼嫩时白黄色转变为淡黄色，周皮稍加厚成熟，顶部呈现的顶芽、白麻和箭麻已能清楚地区分，箭麻体大顶端生长有“鹦哥嘴”形的红色花茎芽，而白麻、米麻顶芽仅是一个又白又嫩的生长锥。当块茎已不再继续生长，体积大小已基本定型，这时意味着即将进入休眠期，便是适宜收获的季节。收获过早，母麻与新生麻连接较紧，新生麻内含物不夯实，水分含量高，加工干湿比大，成品质量差；收获过晚天气已寒冷，挖出的种麻暴露在空气中，如不能及时栽种易受冻害，同时操作也不方便。春季收获应在刚解冻之后，块茎顶芽萌动之前，即未解除休眠之前收获，如延迟收获期，箭麻开始出苗抽茎，地上花茎生长要消耗大量养分，块茎逐渐中空，重量减轻，产量降低，品质较差。从不同收获结果可以看出，从 11 月上旬至翌年 4 月上旬，天麻休眠期间收获，产量无大变化，5 月份天麻开始进入生长期，到 6 月上旬开始采收种子，箭麻已中空，产量明显降低。据王桂英试验，收获时间与天麻素及天麻苷元的含量无明显差异，但春麻收获晚显著影响天麻折干率。收获越晚，加工质量越差，至 6—7 月份箭麻已成空壳，不能再做药用。至于确定冬收还是春收，可根据当地的自然气候条件、适宜的栽种期、9—10 月的降雨量以及劳动力的安排等情况确定。一般只要在自然条件下冬季天麻能安全越冬的地区，可采用冬收冬栽，也可采用春收春栽的方法。栽种当年 9—10 月份降雨量大，土壤含水量高，天麻易遭蜜环菌危害，就应在冬季提早收获。

天麻的采收由于采收季节不同，从当年 11 月上旬至翌年 4 月上旬，在春季 4—5 月间采挖的为“春麻”，在立冬前 9—10 月间采挖的为“冬麻”。天麻处于休眠期状态时加工质量较好。

有研究表明，天麻在休眠期采收药效高。因此，无性繁殖宜在当年 10 月底或翌年 3 月下旬收获（可边收边栽）；有性繁殖一般在第二年秋收获。如冬季防寒条件好，可在春季收获。减少中间环节，并且天麻在休眠后块茎与营养繁殖茎自然脱离，收获时可减轻损伤。天麻块茎碰伤后栽种会腐烂，收获时要轻拿轻放，避免刮伤外皮。

天麻在休眠期间，体内的养分积储量最为丰富，所以在 11 月至次年 3 月份采收最为适宜。天麻是一种比较娇贵的药材，碰伤的天麻极易染菌，不能留种，只能留作加工。因此在天麻的采收过程中，要精心采挖，保持麻体完整无损。采收后的天麻要进行初步筛选，把种麻和加工麻区分开，有利于下一步工作的顺利进行。无机械损伤、色泽正常、新鲜、淡黄色、无病、无虫害的米麻、白麻留做种麻。有机械损伤、有病虫害的米麻、白麻以及箭麻用于后续加工。

有性繁殖播种的天麻，一般可当年播种当年移栽，也可播种一年半后采收。商品天麻的采收，无论是冬栽还是春栽，一般都在一个生长周期后的休眠期收获，即冬栽多在第二年 11 月或第三年 3—4 月收获，春栽在当年 11 月或第二年 3—4 月收获。海拔 1200 m 以下的地方在霜降以后采挖。

### 4.1.2 采收方法

天麻采收一般在晴天进行，收获时先将表层盖土或覆盖物去掉，慢慢扒开表土，揭起菌材，在接近天麻生长层时，要慢慢扒撤培养料，一旦发现天麻就应顺着天麻的着生处扒撤，露出天麻，小心将天麻取出，防止撞伤，然后向四周挖掘，以搜索更深土层中的天麻。将挖起的商品麻、种麻、米麻分开盛放，小白麻和米麻做种，米麻也可继续培育，箭麻和大白麻用于后续初加工以及精深加工。

天麻顶芽都向上生长，往往长在菌材上边，铲土时最容易铲掉顶芽，故应小心铲挖，然后再取出菌材收取天麻。有时两根菌棒间天麻紧紧挤压在一起，撬棒时容易掰断天麻，故应特别小心，菌棒完全挖出后，应检查窝壁四周土壤中生长的天麻，尤其是靠上坡处最易长天麻，防止漏收。收获时应将窖内的米麻、白麻和箭麻全部取出。由于收获时天麻已停止生长，对外界的抵抗能力较差，容易感染杂菌而腐烂，因此，收获时应防止碰伤天麻块茎。创伤会促使天麻素向苷元转化，易被氧化而失效，使天麻药效下降。为了避免损伤麻体（麻嘴或块茎），采收时首先要小心地将表土扒去，取出土上层菌材以及填充料，然后轻轻地将天麻取出，这样一层一层地收获。不能用装过肥料、酸、碱等化学药品的用具来装天麻，尤其是不能装种用的天麻。待全部收完后，选出留种用的箭麻、白麻和米麻，其余全部准备加工。

天麻采收后需尽快进行加工，存放时间长了，天麻易跑浆，折干率下降。通过用高温处理抑制天麻细胞内酶类的活动，及时烘干，便于贮藏和运输以及药用有效成分的保存。特别是春麻采收后更不宜存放，因随着气温的逐渐升高，其地上茎继续生长，天麻块茎会变空或发生霉变，影响天麻质量。

### 4.1.3 天麻加工

初加工包含新鲜天麻的加工处理以及商品干天麻的加工，是我国目前天麻产业化开发利用的主要形式之一，也是后续精细化深度开发利用的必要准备环节。综合深度产业化开发利用，提高产业附加值，是天麻等药食两用资源的发展趋势。

#### 4.1.3.1 天麻产地初加工方法

新鲜天麻的初级加工，目前一般先用水煮法或笼蒸法进行熟制，然后烘干或晒干。传统生产中一般采用笼蒸、炕烘法干制，其操作工艺流程为：选级→洗净→杀青→整形干制。

1. 选　级

天麻加工要分等级进行，以免在加工过程中难以掌握熟透度以及确定温度、时间等关键参数。天麻按鲜重可分为五个等级：鲜重 500 g 以上、无虫蛀、无伤害、无霉斑的天麻为特级；鲜重 150 ~ 449 g、无伤害、无斑点、无虫蛀的天麻为一级；鲜重 75 ~ 149 g、无虫蛀、无伤害、无斑点的天麻为二级；鲜重 25 ~ 74 g、有创伤、虫蛀的天麻为三级；鲜重 5 ~ 24 g、有虫蛀、变色的天麻为等外级。然后清洗泥土，要随洗随加工，以免影响药效。

2. 洗　净

用清水洗去麻体表面泥沙。把分好级的天麻在水中冲洗干净，马上剥皮蒸煮，称为雪天麻或明天麻。如果带皮，洗后可直接蒸煮。天麻不要长时间在水中浸泡，如果泡在水中过夜，加工成的成品麻色泽发乌，会影响药用效果和商品价值。

如果将天麻出口或作为礼品，要剥净表皮，煮后烤干。现在天麻种植大面积推广后，收获量大，如果都经过剥皮，会影响天麻加工进度。再者，剥皮后来不及蒸煮，放置过久会变质腐烂。故除出口或特殊用途外，一般都不剥皮。

3. 杀　青

作为天麻加工的重要工序，如果不蒸煮就直接烘干或晒干，天麻会皱缩，且不透明，色泽差。有些地区用蒸的方法，即将天麻洗净后按不同等级分别放在笼屉上蒸 15 ~ 30 min。此方法适用于小批量加工。如果加工量较大，一般多采用水煮的方法。

天麻加工常用的杀青方法：

（1）笼蒸法

用笼蒸制天麻的方法称笼蒸法，此法加工的天麻色泽鲜艳，质量最好。先将空蒸笼放在锅中，加水用大火烧至锅内水沸腾，然后将天麻按大、中、小分别放进蒸笼里蒸。大天麻蒸 45 min 左右，中等的蒸 30 min 左右，小的蒸 15 min 左右，以蒸透无白心为宜，即对着光看不见黑心为准。一般做法是：大火将水烧开后，先放入个头最大的天麻，大火蒸 5 ~ 6 min 后，再放入第二种较大个头的天麻继续蒸，5 ~ 6 min 后再放入第三种个头稍小的天麻，再蒸 5 ~ 6 min，最后放入小天麻，维持大火 5 ~ 6 min 后，一般可全部蒸熟。蒸制过程中应注意：每放入一屉生麻，须将原笼屉抬起，把新笼屉置于最下层。检查蒸熟度以熟透、无硬心为准。

天麻入笼后或在水中煮要注意以下几点：蒸煮时不要太过，随时检查蒸煮情况。天麻中心有一没透的白心，应占天麻直径的 1/5，这样折干率高；否则蒸煮太过，折干率低。检验是否煮好的方法：将天麻捞起后体表水分能很快散失；对着阳光或灯光看，麻体内没有黑心，呈透明状；用细竹插能顺利进入麻体。

（2）米汤水煮法

利用 5%的小米清水在锅内煮沸，加工的天麻为米汤水煮天麻。即用清水洗净天麻体上的泥土，按大、中、小分开，首先在锅内添加 5%的小米清水，以淹没天麻为度。加热煮沸后再分别放入大、中、小天麻，大天麻（150 ~ 200 g）煮 15 min 左右，中等的（100 ~ 150 g）煮 10 min 左右，小的（80 g 左右）煮 5 min 左右。不断翻动，发现煮透时及时捞出烘烤，烘烤方法与笼蒸方法相同。

实验表明以笼蒸的天麻最好，水煮质量较差（伍贤进等，2018）。

（3）明矾水煮法

将天麻不同等级分别蒸煮。水烧开后，将天麻投入水中，再放入少许明矾。一般 5 kg 天麻加 100 g 明矾。150 g 以上的大天麻煮 10 ~ 15 min，100 ~ 150 g 的中天麻煮 7 ~ 10 min，100 g 以下的小天麻煮 5 ~ 8 min，等级以外的天麻煮 5 min。总之以煮过心为准。其他处理方法同笼蒸法和米汤水煮法，不同的地方只是把洗净的天麻放在 1%的明矾水中煮透即捞出干制处理。

（4）硫黄熏

将蒸煮完毕的天麻捞起后放入清水里浸后即捞出，防止过熟和互相黏缩，扯伤表皮。随即进入熏房，用硫黄熏 10 ~ 12 h，使天麻外表鲜亮白净，质量好，并可防虫蛀。但是需要注意残留率不得超过规定限量。

### 4.1.3.2 整形干制

1. 炕 烘

利用砖坯火炕，大火烧至炕表温度 50 °C，将熟麻单层排列，每 30 min 翻转一次，每 60 min 提高温度 10 °C，最高温度 80 °C 至烘干为止。炕烘过程的工作要点：当烘至半干时，麻体十分柔软，用洁净平滑木板轻压麻体，目的是使其呈扁状平直，有更高的透明度，且在使用时更易打碎，同时也便于计量，该工作可在烘制过程中翻转麻体时进行。

当烘烤至麻体开始变软时，即转为文火烘烤，以避免麻体形成离层，出现空心，影响质量。一旦麻体表皮生泡，要用竹针扎破。当烘烤至六七成干时，取出用木板压扁，压扁后再烘烤至全干即成商品天麻。这样加工的天麻色泽鲜艳、质量好。假如开始时温度过高（超过 80 °C），天麻外层因水蒸发过快易形成硬壳。温度过低（低于 45 °C），会引起天麻腐烂。当天麻的含水量为 70% ~ 80%时，取出用手压扁，继续烘烤。此时，烘烤温度应在 70 °C 左右，不能超过 80 °C，以防天麻干焦变质。天麻全干后，要立即出炕，否则将影响天麻质量。

如果天麻量大，最好建回龙炕，上放竹帘，竹帘上放天麻，开始时温度应保持在 55 ~ 65 °C，经 30 h 后，温度可达 80 °C，不要超过 85 °C。一般 60 h 即可全干。也可在 55 ~ 65 °C 温度下经 48 h，可出炕堆放，用麻袋等物闷盖发汗 8 h，然后用木板压扁整形，然后再上炕继续炕干。

2. 烘干或晒干

在硫黄熏之后及时进行干燥，晒干或烘干均可。烘干室烘干过程注意将蒸透的药用麻平摆在干燥盘内（注意不要重叠），密闭门窗。烘干时应慢火干燥，初温掌握在 50 °C 左右，水汽敞干之后，可升温至 60 ~ 85 °C 慢慢干燥，防止因表皮水分散失过快而形成硬壳，中间髓心。根据室温、湿度的变化情况适时排气，当烘至七八成干时，取出用手压扁整形，堆起来外用麻袋等物盖严，使之发汗 1 ~ 2 d，然后再进烘房至全部干燥。相互敲击发出清脆声，表面无焦斑鼓泡现象，断面白色坚实者佳。置于通风、干燥处。

3. 晾冷干燥

蒸制好的天麻摊开晾冷，晾干麻体表面的水分。然后及时运往烘房，均匀平摊于竹帘或木架上；将烘房温度加热至 40 ~ 50 °C。烘烤 3 ~ 4 h；再将烘房温度升至 55 ~ 60 °C，烘烤 12 ~ 18 h，待麻体表面微皱；将高温烘制后的天麻集中堆于回潮房，在室温条件下密封回潮 12 h，待麻体表面平整；再按前法回潮至麻体柔软后进行人工定型；重复低温烘干和回潮定型步骤，直至烘干。

也可用暴晒的方法进行加工，但所需要时间长，很少采用，一般用大火烘干较好。

#### 4. 部分主产区常用加工法

（1）四川通江县加工法

将商品麻用清水洗净，再用稻草或谷皮搓去鳞片，洗净后趁湿放入无烟封闭式烘炕中，用快火烘至麻体发软（熟透）无硬心时，打开封闭口，继续用微火烘（40 ~ 50 °C），同时趁软将麻体捏扁，过大而有气胀时可用竹针排气。当烘至麻体发硬时，下炕回潮，变软后再入炕，微火烘至干硬，互撞发出清脆响声，再出炕堆放 1 周左右。如麻体不再变软，即表示干透，可装箱贮放。

（2）湖北利川福宝加工法

先除去商品麻的残茎，注意保留箭芽，洗去泥沙，用薄铁片刮去外皮（注意不要伤肉），立即投入清水中，水沸后按每 5 kg 加 100 g 白矾于沸水中，以水没过天麻为度，边煮边用木椿轻轻搅动，使其均匀受热，煮到无心为止（用竹针试扎或向亮处照看）。煮麻时最好按大、中、小麻分类煮。据测试，大药麻需 15 ~ 20 min，小药麻需 7 ~ 9 min 就能煮透。熟度适宜，可显著提高药麻的成品折干率。煮麻时有膨胀过大的可立即用竹针刺破，轻压扁排除水汽。煮好的药麻要立即捞出投入清水中冷却，然后捞出烘干或晒干。干到八九成时，用硫黄熏一次（在炭火上加硫黄球，即黄泥 70% ~ 80%，硫黄 30% ~ 20%，加水围团成鸭蛋大，晾干），使药材色变黄白，并可防虫蛀，晾至全干即为成品。

（3）湖北陨县加工法

将细沙或柴草红火灰放入大锅内，加热后放入天麻翻炒，当天麻不断发出炸花声时，立即出锅放入冷水盆中，趁热用竹刀刮去粗皮及鳞片，洗净后放入明矾水中漂洗一下，再用清水洗净，上屉蒸 30 ~ 40 min，以熟透为度。取出晒干或火炕烘至六七成干，用木板压扁（但不可用力过大，以防跑浆），有气泡时用竹针刺破放气，然后用炭火炕或硫黄熏炕烘至全干。

目前农户加工天麻，有蒸有煮。由于采用蒸制方法加工的天麻，药用成分损耗较少，因而天麻规范化加工中最好采用蒸制。天麻分级后，及时上笼蒸制。蒸制适宜的天麻，拿起在暗处迎光查看，可见透明的天麻中间略带暗影；掰开天麻检查，可见中间略有白心（占麻体直径 1/5 左右）。若蒸制过度，会使天麻折干率降低。如果是加工作为礼品或供出口用的透明“雪天麻”，还需在蒸制后及时剥去天麻表面粗皮，或在蒸制前将天麻粗皮刮去。

#### 5. 包　装

天麻烘干后应及时进行包装，包装前应先检查并清除劣质品及异物，采用内附白纸的塑料箱、盒作为包装容器，包装箱、盒应清洁、干燥、无污染，符合《中药材生产质量管理规范》的要求。包装箱大小根据需要而定。每批包装药材均应建立包装记录，包括品名、规格、产地、批号、重量、包装日期、生产单位、注意事项等记录。

### 4.1.4 古法炮制

天麻最早见于秦汉时的《神农本草经》，其历史久远，产地初加工方法较多，天麻的炮制古今中医家颇为重视，希望通过进一步的炮制加工，可以充分发挥其临床功能，实现更高的药用价值。天麻蒸制后，便于软化切片，同时经加热可破坏酶，保存有效成分；炒后可减少黏腻性，便于服用；用酒制可资助天麻通达血脉，增加其祛风通络止痛的作用；煨天麻，药性和缓，养阴而息风。

早在南北朝刘宋时代有药汁制（《雷公》），《雷公炮炙论》中曾记载天麻炮制方法用蒺藜子制："修事天麻十两，用蒺藜子一镒……"；《颅囟经》有"酒浸一宿"的酒浸法；《医学法律》云："以酒浸一日夜，湿纸包裹糠火中煨熟，取出切片，焙用"。而后宋代增加了微炒（《圣惠方》），炙制（《博济》），酒浸后湿纸裹煨、炮、面裹煨（《史载》），酒浸炙（《总录》），酒浸炒（《朱氏》）等方法。明、清时代又增加了麸炒（《普济方》）、焙制（《婴童》）、酒洗后焙干（《医学》）、火煅（《回春》）、火炮（《保元》）、蒸制（《辨义》）等（王孝涛等，1998）。以麸炒天麻为例：取原药材，除去杂质及黑色泛油者，大小个分开，浸泡至三四成透时，取出，润软，或蒸软，切薄片，干燥。先取麦麸撒入热锅内，见冒烟时，投入天麻片，用文火炒至黄色，略见焦斑时，取出，摊凉。或用清炒法，炒至黄色，略见焦斑时，取出，摊凉。天麻每100 kg 用麦麸 10 kg。天麻炮制后为不规则的薄片，角质样，半透明，有光泽，表面黄白色或淡棕色，无纤维点，质脆，气微，味淡，嚼之有黏感。

但古代炮制方法大多较繁琐，耗时较长，且目前对于古法的效果以及相关成分变化规律等方面的科学研究较少。传统中医多为对症下药、辨证论治等方法，而现代医药在注重效果的同时，更注重大规模、成本、效率等，如何将古今结合，做到对症下药、辨证论治的同时又保证了大规模生产、低成本、高效率，是研究人员值得思考与探究的问题。

## 4.2 天麻干燥温度与加工方式对成分的影响

### 4.2.1 干燥温度对天麻成分的影响

以往的天麻加工研究中多是单独将烘干作为研究方法之一，未对烘干温度做梯度研究或在烘干前就已经对鲜天麻进行蒸制或煮制处理，不能直接反映干燥温度对天麻品质的影响。因此通过对鲜天麻直接进行不同温度的烘干处理后测定样品中的多糖、蛋白质、天麻素以及对羟基苯甲醇的含量，以探究干燥温度对天麻主要有效成分含量的影响，可以为天麻综合产业化开发利用过程中最优加工方法的选择提供参考。

#### 4.2.1.1 材料与方法

1. 材料和设备

新鲜天麻：11 月份采挖于湖南绥宁。

UV-1800 紫外分光光度计、FA2004N 电子天平、101-3A 型电热鼓风干燥箱、粉碎机、冷冻干燥机等。

2. 样品预处理

将新鲜天麻清洗干净，晾干表面后切片，分别于 70 °C、50 °C 和 35 °C 烘箱以及冷冻干燥机（–20 °C）内进行干燥至恒重，粉碎过 80 目筛，得到天麻干燥粉，放入干燥器中备用。

3. 天麻多糖测定

（1）标准溶液制备

精密称取无水葡萄糖对照品 30 mg，蒸馏水定容至 100 mL，摇匀即得。

（2）标准曲线绘制

采用双空白对照，用 1 mL 移液管吸取标准葡萄糖对照品溶液 0.0、0.1、0.2、0.3、0.4、0.5、0.6 mL 于 7 个 25 mL 干燥具塞试管中，蒸馏水定容至 2 mL，充分摇匀浸入冰水浴。分别加入 0.2%蒽酮硫酸溶液 8 mL，摇匀。沸水浴加热 10 min，再放入冰水浴冷却 10 min，于 582 nm 处测得吸光度。以吸光度为纵坐标、葡萄糖浓度为横坐标，绘制标准曲线，得回归方程：

$$y=0.3799x+0.0049 \quad r=0.9991$$

（3）多糖含量测定

精密称定天麻样品粉 0.25 g，分别置于磨口的圆底烧瓶中并贴上标签。分别向圆底烧瓶中加 80%乙醇 150 mL，置于沸水浴中加热回流 1 h，趁热过滤，残渣用 80%热乙醇溶液洗 3 次，每次加 80%热乙醇溶液 10 mL，残渣和滤纸一并留在烧瓶中预备进行第二次回流。第二次回流加蒸馏水 150 mL，沸水浴中加热回流 1 h，趁热过滤，残渣和烧瓶用热的蒸馏水洗 4 次，每次加热蒸馏水 10 mL，最后合并滤液和洗液，放冷，倒入 250 mL 容量瓶中，加蒸馏水至刻度，摇匀。精密量取 1 mL，置于 25 mL 具塞试管中，用蒸馏水定容至 2mL，充分摇匀，浸入冰水浴中。向试管中分别缓慢加入 8 mL 0.2%蒽酮硫酸溶液，摇匀。后将试管置于沸水浴加热 10 min，再放入冰水浴冷却 10 min，在 582 nm 处测吸光度，取三组吸光度的平均值代入回归方程，即得所测天麻样品中多糖含量。

4. 天麻蛋白测定

（1）标准溶液制备

100 μg/mL 牛血清蛋白标准溶液：先精确称取 10 mg 牛血清蛋白，将其用蒸馏水溶解后定容至 100 mL，摇匀即得。

考马斯亮蓝 G-250 溶液：精确称取 100 mg 考马斯亮蓝 G-250，将其置于 250 mL 烧杯中，加入 50 mL 95%乙醇溶液进行溶解，完全溶解后加入 100 mL 85%（*V*/*V*）磷酸，用玻璃棒充分搅拌均匀，后倒入 1000 mL 容量瓶中，烧杯用蒸馏水洗 3 次，洗液一并倒入容量瓶中，最后定容至 1000 mL，摇匀。溶液最后浓度是 0.01%（*W*/*V*）考马斯亮蓝 G-250，4.7%（*V*/*V*）乙醇以及 8.5%（*V*/*V*）磷酸，然后用滤纸过滤，置于棕色瓶中备用。

（2）标准曲线绘制

精确吸取牛血清蛋白溶液 0、0.2、0.4、0.6、0.8、1 mL，分别置于 6 个 10 mL 具塞刻度试管中，先分别加蒸馏水 1、0.8、0.6、0.4、0.2 mL，摇匀，然后再分别加入 5 mL 考马斯亮蓝 G-250 溶液，置于避光处反应 3 ~ 8 min。再用分光光度计在 595 nm 处测定吸光度值。

以吸光度（$y$）为纵坐标、浓度（$x$）为横坐标绘制标准曲线，得到回归方程：

$$y=0.0064x+0.0656 \quad r=0.9995$$

（3）蛋白含量测定

精密称定天麻样品粉 0.1 g，放入干净研钵中，加入适量磷酸缓冲液（先称定 31.2 g 磷酸二氢钠，将其定容至 1000 mL 制成的溶液为 A 液，再称 71.6 g 磷酸氢二钠，定容至 1000 mL，制成的溶液为 B 液，所需缓冲液配比为 A 液、B 液体积比 38∶62），研磨至匀浆状，将其转入抽滤瓶中用定性滤纸进行抽滤，滤液倒入 25 mL 容量瓶，滤瓶用磷酸缓冲液洗 3 次，将洗液一并转入容量瓶中，用磷酸缓冲液定容至刻度。向其中取 1 mL 加入 25 mL 具塞试管中，然后再加入 5 mL 考马斯亮蓝 G-250 溶液。充分摇匀后，于 595 nm 处测得吸光度，取三组吸光度的平均值代入标准回归方程中，即知所测天麻样品中蛋白质的含量。

5. 天麻素和对羟基苯甲醇测定

（1）色谱条件

色谱柱为 Wondasil TM $C_{18}$ 柱，流动相：乙腈-0.05%磷酸溶液（3∶97），流速为 1 mL/min，检测波长为 220 nm，进样体积为 5 μL。

（2）标准品溶液的测定

取天麻素和对羟基苯甲醇对照品，加乙腈-水（3∶97）混合溶液制成每 1 mL 含对羟基苯甲醇 25 μg、天麻素 50 μg 的混合溶液。从中吸取 5 μL 注入高效液相色谱仪中，按照色谱条件进行测定，记录 30 min 内的色谱图。

（3）天麻样品测定

精密称定天麻样品粉约 2 g，倒入具塞锥形瓶中，加入稀乙醇（量取乙醇 529 mL，加水稀释至 1000 mL）50 mL，分析天平称定后再用超声波仪器进行超声处理 30 min（120 W，40 kHZ），放冷后再称定重量，减失的重量用稀乙醇补足，用抽滤瓶抽滤，从所得滤液中取 10 mL，于旋转蒸发仪中进行浓缩提取，浓缩至近干且无乙醇气味即可。所得残渣用乙腈-水混合溶液溶解，转移至 25 mL 容量瓶中，用乙腈-水混合溶液补足至刻度，摇匀，再用 0.45 μm 微孔滤膜过滤，取续滤液，从中吸取 5 μL 注入高效液相色谱仪中，按照色谱条件进行测定，记录 30 min 内的色谱图。将其与标准品溶液的色谱图进行对比，利用峰面积计算出所测样品中天麻素和对羟基苯甲醇的含量。

### 4.2.1.2 结果与分析

1. 不同干燥温度对多糖和蛋白质含量的影响（表 4-1）

表 4-1 不同干燥温度对天麻多糖和蛋白质含量的影响

| 样品 | 多糖含量/% | 蛋白质含量/% |
|---|---|---|
| A | 6.278±0.092[c] | 1.110±0.017[d] |
| B | 7.331±0.048[b] | 1.360±0.010[c] |
| C | 7.476±0.066[b] | 2.000±0.014[b] |
| D | 7 682±0.025[a] | 2.190±0.017[a] |

注：A—70 °C 干燥组；B—50 °C 干燥组；C—35 °C 干燥组；D—冷冻干燥组。

由结果可知，不同干燥温度对多糖和蛋白质均有不同程度影响。干燥温度越低，多糖和蛋白质含量越高，即多糖、蛋白质含量最高的冷冻干燥组比含量最低的 70 °C 干燥组分别高出 0.972%和 0.458%。对四种不同干燥温度下得到的天麻多糖和蛋白质含量进行显著性分析，发现不同干燥条件下得到的 A、B、C、D 四组天麻蛋白质含量 $p$ 值在 0.01 ~ 0.05，说明 A、B、C、D 四组蛋白质含量差异显著，且具有统计学意义。不同干燥条件下得到的 A、B、C、D 四组天麻多糖中，B、C 两组多糖含量 $p$ 值大于 0.05，多糖含量差异不显著，无统计学意义；但分别和 A、D 两组的多糖含量 $p$ 值在 0.01 ~ 0.05，说明含量差异显著，具有统计学意义。

2. 不同干燥温度对天麻素和对羟基苯甲醇含量的影响

根据测定方法，记录标准品 30 min 内的色谱图。由单个样品进样后得到的色谱图如图 4-1 所示。

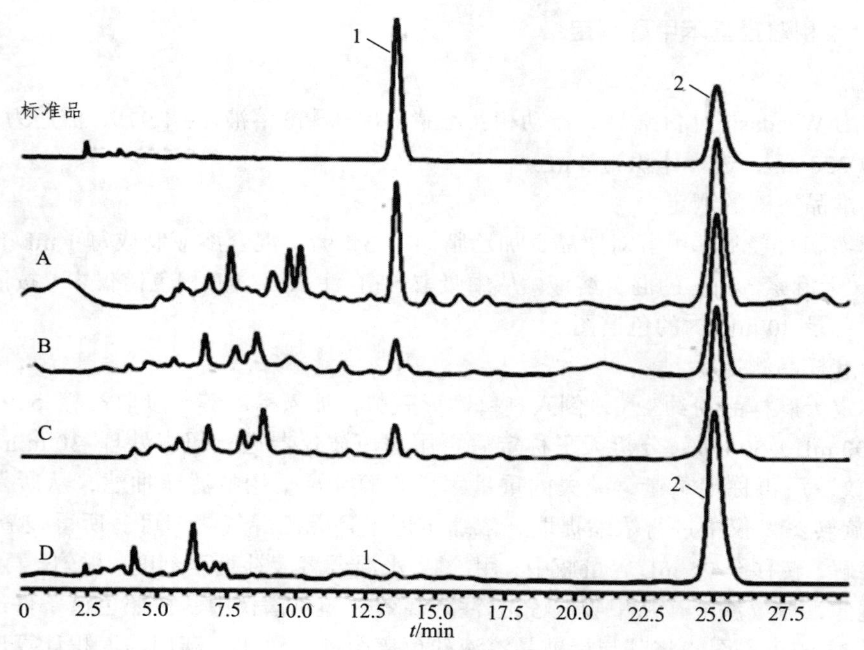


1—天麻素；2—对羟基苯甲醇；A—70 °C 干燥组；B—50 °C 干燥组；C—35 °C 干燥组；D—冷冻干燥组

图 4-1　各样品天麻中天麻素和对羟基苯甲醇的 HPLC 色谱图

取不同干燥温度处理的天麻样品溶液 5 μL 进样到高效液相色谱仪中，记录 30 min 的色谱图。由图 4-1 可知，天麻素的出峰时间在 12 min 左右，对羟基苯甲醇出峰时间在 23 min 左右。

采用保留时间标定不同的指纹峰，以指纹峰的保留峰面积作为指标，对不同干燥温度下干燥的天麻样品中天麻素和对羟基苯甲醇的 HPLC 图谱进行分析，进而得到天麻素和对羟基苯甲醇的差异及其变化（表 4-2 至表 4-4）。

表 4-2　标准品峰的保留时间和保留峰面积

| 成分 | 天麻素 | 对羟基苯甲醇 |
|---|---|---|
| 时间 | 12.322 | 23.043 |
| 峰面积 | 475 820.0 | 442 350.2 |

表 4-3　各样品的天麻素和对羟基苯甲醇保留峰面积

| | A | B | C | D |
|---|---|---|---|---|
| 天麻素 | 660 855 | 218 616 | 208 304 | 118 864 |
| 对羟基苯甲醇 | 1 696 039.8 | 1 859 757.1 | 1 888 074 | 4 439 774 |

注：A—70 °C 干燥组天麻；B—50 °C 干燥组天麻；C—35 °C 干燥组天麻；D—冷冻干燥组天麻。

表 4-4　各样品的天麻素和对羟基苯甲醇含量

| | A | B | C | D |
|---|---|---|---|---|
| 天麻素含量/% | 0.868 | 0.287 | 0.273 | 0.156 |
| 对羟基苯甲醇含量/% | 1.192 | 1.314 | 1.331 | 1.565 |

注：A—70 °C 干燥组天麻；B—50 °C 干燥组天麻；C—35 °C 干燥组天麻；D—冷冻干燥组天麻。

由上述图表可知，干燥处理温度越高，天麻素含量就越高，而对羟基苯甲醇则与之相反，随温度升高含量降低。测定结果显示，天麻素含量最高为 70 °C 干燥组，为 0.868%；最低为冷冻干燥组，为 0.156%；35 °C 和 50 °C 干燥组天麻的天麻素含量相差不大，分别为 0.287% 和 0.273%。四组样品中天麻素和对羟基苯甲醇含量之和均达到《中国药典》（2015 年版）的标准（即天麻素和对羟基苯甲醇含量之和不小于 0.25%）。

实验结果表明，不同干燥温度对雪峰山天麻中多糖、蛋白质、天麻素和对羟基苯甲醇的含量均有不同程度的影响。干燥温度越低，多糖和蛋白质含量越高。这可能是由于温度的升高加强了天麻中一些酶的活性，使得多糖和蛋白质被分解。其中 35 °C 和 50 °C 条件下干燥的天麻其有效成分除在蛋白质上有显著差异外，其他方面并无显著差异。

鉴于采用的是水提醇沉方法测定天麻中的多糖，故可能是在进行第二次回流后的过滤环节损失了较多的多糖，以至于最后测定的结果偏低。干燥处理温度越高，天麻素含量就越高，对羟基苯甲醇则与之相反，随温度升高含量越低。这可能是由于天麻中的酚类成分如对羟基苯甲醇在一定的温度、湿度和压力条件下会发生降解反应，转化形成天麻素，从而使测定的天麻素含量 70 °C 干燥组要高于冷冻干燥组，而对羟基苯甲醇含量 70 °C 干燥组却低于冷冻干燥组。此外可能由于较高温度使天麻中一些酶被分解，从而使化合物得到保留。

天麻素含量是评定天麻质量的一个重要品质指标。在天麻的产业化开发过程中，如果以天麻素为主要目标产物，鲜天麻直接干燥环节中采用 70 °C 为宜；如果侧重于对天麻中主要有效成分的保留，最好使用冷冻干燥法对鲜天麻进行干燥处理。

### 4.2.2　加工方式对天麻成分影响

采取四种加工方法进行对比，首先是最传统的煮制工艺与蒸制工艺，其操作简单，成本低，其中蒸制工艺较其他研究略有不同，是采取高压蒸汽灭菌锅进行蒸制。考虑到这两种加工方法都会使天麻与水接触后再进行干燥，所以增加直接杀青干燥的方法做对比。此外，本实验还采用贵州某地民间加工方法——糯米合蒸法，与另外几种方法进行比较。以期为雪峰山天麻的综合深加工利用提供参考。

#### 4.2.2.1 材料与方法

1. 材料和设备

新鲜天麻样品，2019 年 11 月采自湖南绥宁。

101-3A 型电热鼓风干燥箱、循环水真空泵、UV-1800 紫外分光光度计、中草药粉碎机等。

2. 天麻预处理

首先将新鲜天麻清洗晾干后切片处理，取 3 kg 左右的天麻进行 120 °C 杀青 30 min、70 °C 恒温干燥箱烘干至恒重（A 组）。另取 3 组 3 kg 左右的天麻，分别放入高压蒸汽灭菌锅 40 min（B 组），沸水煮 24 min（C 组），放于泡了 12 h 的糯米（8 kg）中进行蒸煮 90 min（D 组）。70 °C 烘干至恒重后粉碎，过 80 目筛，得到天麻样品粉，放入干燥器中备用。

3. 多糖提取

将干燥好的天麻粉从干燥箱中取出，盖上盖子，等铝盒冷却后用天平快速称取天麻粉大约 0.25 g，每组称 3 份，放入圆底烧瓶内，加 150 mL 80%的乙醇混匀，将圆底烧瓶放入恒温水浴锅中进行回流，1 h 后取出烧瓶趁热过滤，倒掉废弃滤液，吸取 10 mL 80%的热乙醇清洗烧瓶内的残渣 3 次后再次过滤，将滤纸与残渣放回圆底烧瓶内，加入 150 mL 蒸馏水再次回流 1 h，取出趁热过滤后用 10 mL 热蒸馏水洗涤烧瓶内残渣 4 次，丢弃残渣，将滤液与洗液合并，放冷后转移至 250 mL 容量瓶内，加蒸馏水定容，摇匀待测。

4. 蛋白质提取

将天麻粉取出，冷却后在天平上快速称取 0.1 g，每组，3 份。用蒸馏水润洗研钵后将研钵干燥，待其冷却后放入称好的天麻粉，加几滴磷酸缓冲液，均匀研磨至匀浆，转移至平底抽滤瓶中抽滤。抽滤后再用少许磷酸缓冲液进行冲洗，再次抽滤，将滤液取出置于 25 mL 容量瓶中，用磷酸缓冲液定容，摇匀待测。

5. 溶液配制

（1）葡萄糖标准溶液配制。

取适量的无水葡萄糖对照品，放入干净干燥的铝盒中，将其放入干燥箱内，105 °C 干燥至恒重。取出铝盒密封放冷后迅速称取无水葡萄糖对照品 33 mg，用蒸馏水溶解后定容至 100 mL，得到每 1 mL 含葡萄糖 0.33 mg 的葡萄糖标准溶液。

（2）蛋白质标准溶液配制。

将牛血清蛋白从冰箱拿出（手不可握住瓶身，应拿瓶颈，以免温度过高导致牛血清蛋白变质），天平精密称取 10 mg，放入小烧杯中，加适量蒸馏水溶解，转移入 100 mL 容量瓶内，用少量蒸馏水洗涤烧杯，洗液一并转入容量瓶中，加蒸馏水定容至刻度，得到 100 μg/mL 的牛血清蛋白标准溶液。

（3）考马斯亮蓝溶液配制。

首先精确称取 100 mg 考马斯亮蓝 G-250，将其置于干净干燥的烧杯中，再加入 50 mL 95% 的乙醇溶液，用玻璃棒搅拌溶解，确认完全溶解后加入 100 mL 85%（*V*/*V*）磷酸，用玻璃棒搅拌均匀后倒入 1000 mL 容量瓶中，用蒸馏水将烧杯清洗 3 次，洗液也一起倒入容量瓶中，再用蒸馏水定容到 1000 mL，摇匀。溶液最后浓度是 0.01%（*V/V*）考马斯亮蓝 G-250，4.7%（*V/V*）乙醇以及 8.5%（*V/V*）磷酸，然后用滤纸过滤，保存到棕色试剂瓶中。

6. 标准曲线绘制

（1）葡萄糖标准曲线制作

精确吸取标准溶液 0、0.1、0.2、0.3、0.4、0.5、0.6 mL，分别置于 7 个 10 mL 具塞刻度试管中，先分别加蒸馏水 2、1.9、1.8、1.7、1.6、1.5、1.4 mL，摇匀，在冰水浴中缓慢滴加 0.2% 的蒽酮-硫酸溶液 8 mL，混匀，放冷后沸水浴加热 10 min，取出立即置于冰水浴中冷却 10 min，取出。用分光光度计在 582 nm 处测定吸光度。以吸光度为纵坐标 $y$、葡萄糖浓度为横坐标 $x$，绘制标准曲线，得到回归方程：

$$y=3.5403x+0.0393 \quad r=0.9991$$

（2）蛋白标准曲线制作

精确吸取牛血清蛋白溶液 0、0.2、0.4、0.6、0.8、1 mL，分别置于 6 个 10 mL 具塞刻度试管中，先分别加蒸馏水 1、0.8、0.6、0.4、0.2 mL，摇匀，然后再分别加入 5 mL 考马斯亮蓝 G-250 溶液，置于避光处反应 3 ~ 8 min。再用分光光度计在 595 nm 处测定吸光度值。

以吸光度（$y$）为纵坐标、浓度（$x$）为横坐标绘制标准曲线，得到回归方程：

$$y=0.0053x+0.0814 \quad r=0.9991$$

7. 天麻多糖与蛋白含量测定

（1）多糖含量测定

精密量取 1 mL 上述制得的多糖溶液，置 10 mL 具塞干燥试管中（平行 3 组），加水 1 mL，摇匀，冰水浴中缓缓滴加（大概 7 min 滴加完 8 mL）0.2%蒽酮-硫酸（0.2 g 蒽酮加入 100 mL 浓硫酸中搅拌均匀）8 mL，混匀，放冷后置 100 °C 沸水浴中加热 10 min，取出，立即置冰水浴中冷却 10 min，取出，以相应试剂为空白对照，在 582 nm 波长处测定吸光度。根据回归方程计算样品中多糖含量。

计算样品中多糖含量（%）的方法如下：

将吸光度带入标准方程：$y=3.5403x+0.0393$，求得 $x$，则

样品中多糖的含量（%）=（$250x/m$）$\times 0.9 \times 0.001 \times 100\%$

（2）蛋白含量测定

精密量取上述制得的蛋白溶液 1 mL，置 10 mL 具塞干燥试管中（平行 3 组），加水 1 mL，然后再避光加入 5 mL 考马斯亮蓝 G-250 溶液。充分摇匀后，避光静置 2 min，于 595 nm 处测得吸光度。根据回归方程计算样品中蛋白含量。

计算样品中蛋白含量（%）的方法如下：

将吸光度带入标准方程：$y=0.0053x+0.0814$，求得 $x$，则

样品中蛋白的含量（%）=（$25x/m$）$\times 0.000\,001 \times 100\%$

注：$m$ 为称量样品的质量（g）；$x$ 为浓度。

8. 天麻素与对羟基苯甲醇测定

色谱条件：色谱柱为 WondasilTM C 18 柱，以乙腈-0.05%磷酸溶液（3∶97）为流动相；检测波长为 220 nm；进样体积为 5 μL。

标准品制备：取天麻素对照品、对羟基苯甲醇对照品适量，用电子天平精密称定，加乙腈-水（3∶97）混合溶液制成每 1 mL 含天麻素 50 μg、对羟基苯甲醇 25 μg 的混合溶液。

供试品制备：取干燥至恒重的天麻粉约 2 g，精密称定后放于具塞锥形瓶中，精密加入稀乙醇 50 mL，称定重量并记录数据，超声处理（功率 120 W，频率 40 kHz）30 min，放冷后再次称定重量，用稀乙醇补足减少的重量。然后用抽滤瓶抽滤，精密量取续滤液 10 mL，置于旋转蒸发仪中浓缩至近干无醇味，再将残渣加入适量乙腈-水（3∶97）混合溶液进行溶解，清洗几次后再转移至 25 mL 容量瓶中，用乙腈-水（3∶97）混合溶液稀释至刻度，摇匀后进行抽滤（0.45 μm 微孔滤膜），取续滤液。将各样品的滤液用 EP 管保存并贴好标签。

#### 4.2.2.2 结果与分析

1. 不同加工方法对天麻多糖与蛋白含量的影响（表 4-5）

表 4-5 不同加工方法对天麻多糖与蛋白含量影响

| 样品 | 多糖含量/% | 蛋白含量/% |
|---|---|---|
| A | 1.697±0.0170[b] | 0.875±0.009[a] |
| B | 1.390±0.0163[c] | 0.228±0.010[c] |
| C | 2.323±0.0125[a] | 0.205±0.011[c] |
| D | 1.253±0.0170[d] | 0.361±0.009[b] |

注：a，b，c 不同字母代表差异显著。

A—120 °C 杀青、70 °C 烘干至恒重的天麻组；B—高压蒸汽灭菌锅 40 min 的天麻组；C—沸水煮 24 min 的天麻组；D—与糯米合蒸的天麻组。

由表 4-5 可知，在多糖含量的测定中，C 组的多糖含量最高，其次是 A、B、D 组，且组间两两比较，差异均具有统计学意义，所以就多糖含量来看，煮制法优于其他方法。在蛋白质含量的测定中，A 组>D 组>B 组和 C 组，除 B 组和 C 组差异无统计学意义之外（$p>0.05$），其余各组间比较，差异均具有统计学意义（$p<0.05$），就蛋白质含量这一因素来看，直接杀青干燥法优于其他方法。

2. 不同加工方法对天麻中天麻素与对羟基苯甲醇含量的影响

色图谱建立：记录天麻素和对羟基苯甲醇标准品及各处理组天麻样品在 30 min 内的高效液相色谱图（图 4-2）。其中天麻素的出峰时间为 12.5 min，对羟基苯甲醇出峰时间为 24 min。

采用保留时间标定不同的指纹峰，以指纹峰的保留峰面积作为指标，对不同的加工方法天麻的 HPLC 分析结果进行分析，进而得到天麻素、对羟基苯甲醇含量的差异及其变化（图 4-2、表 4-6）。

由图 4-2 和表 4-6 可知，天麻素含量最高为 A 组，为 1.585%；最低为 D 组，为 0.656%；

B 组和 C 组天麻的天麻素含量分别为 0.740%和 0.947%。四组样品中天麻素和对羟基苯甲醇含量之和均达到《中国药典》(2015 年版)的标准(即天麻素和对羟基苯甲醇含量之和不小于 0.25%)。

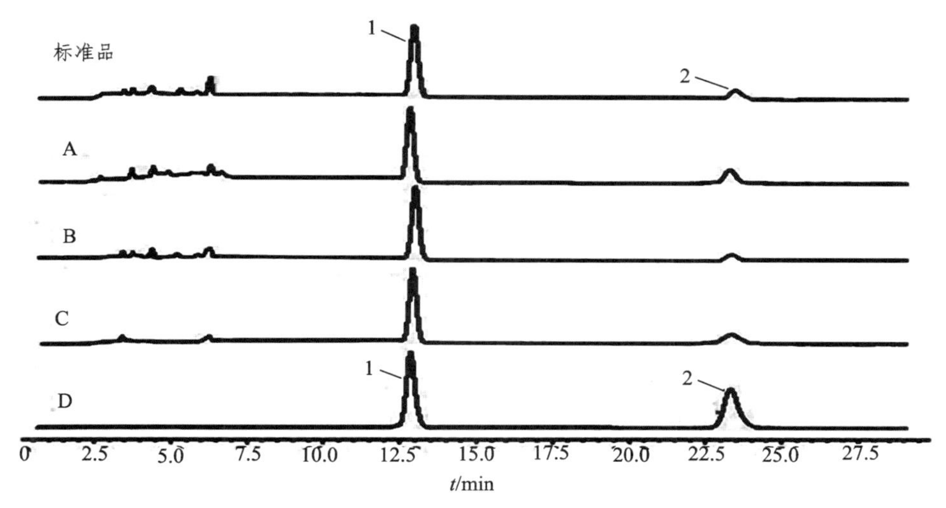


1—天麻素;2—对羟基苯甲醇

A、B、C、D 表示的天麻样品名称与上述相同。

图 4-2 天麻素和对羟基苯甲醇标准品及各样品的 HPLC 图谱

表 4-6 各组天麻素与对羟基苯甲醇的含量

| 样品 | A | B | C | D |
| --- | --- | --- | --- | --- |
| 天麻素含量/% | 1.585±0.013[a] | 0.740±0.009[b] | 0.947±0.011[b] | 0.656±0.007[c] |
| 对羟基苯甲醇含量/% | 0.021±0.016[a] | 0.072±0.016[b] | 0.180±0.010[b] | 0.168±0.009[c] |

注:a,b,c 不同字母代表差异显著;A、B、C、D 表示的天麻样品名称与上述相同。

#### 4.2.2.3 结 论

本实验测得天麻素与对羟基苯甲醇的含量均符合《中国药典》(2015 年版)的要求。其中以多糖含量为指标时得出的结论与周碧乾等[3]一致,均为煮制法优于蒸制法。但在以天麻素和对羟基苯甲醇为指标的检测中,含量均低于同类测定(周碧乾等,2018;朱仕豪等,2019)的结果,可能是由于他们采用的是梯度洗脱且进样量为本实验的两倍,而本实验采用的色谱条件为药典规定条件。

此外本实验采用了一种新加工方法——糯米合蒸法,实验结果表明此法除含水量比其他几种方法低外,在四种成分含量指标上均无优势。但与天麻合蒸的糯米是否具有某种有益的功能还有待研究,可以针对糯米合蒸法设置其他多个指标进行详细研究,由此可知此民间方法具有进一步研究价值。

本实验在天麻多糖提取的过程中因过滤时间过长而将过滤改为抽滤,但效果并不理想。经过抽滤的溶液,平行组的差异过大,其原因可能为多糖较黏,采用抽滤无法较准确地过滤残渣，所以还是改为过滤。在天麻多糖含量的测定中，蒽酮硫酸的滴定速度应视具体情况而定，温度与季节不同，速度就应适当改变，且在滴加完蒽酮硫酸后要注意所有试管应集中在同一地方加热，避免温度不同导致结果出现问题，因此不建议用恒温水浴锅加热。

经过分析对比，本实验中采用的多糖提取法以及得出的多糖含量与同类测定相近（陈琛等，2018）。但与有些测得的天麻多糖含量为10%~20%的研究（王锐等，2017）相比，本实验多糖含量偏低，推测可能是在第二次回流后过滤环节损失了较多的多糖；另外天麻种类不同其多糖含量也不同。

## 4.3 天麻贮藏

### 4.3.1 新鲜天麻的贮藏

采挖出的新鲜天麻一般是筛选出来的米麻、白麻作为种麻晾 1~2 d 后放入木箱或窖内，一层层摆放，种麻间稍有距离，不能紧靠，每层之间用沙隔开，摆 4~5 层。温度控制在 1~5 °C，不能使温度变化幅度过大，以免影响种麻休眠；湿度控制在 25%~30%，湿度过大会使种麻腐烂。贮藏期间要经常观察温度和湿度。越冬期存放要注意：子麻应放在 0~6 °C 的室内或地下室；空气湿度应在 45%~55%。

存放方式有如下两种：

1. 沙混合存放法

用含水量 18%左右的沙土混合堆积存放。堆积厚度以 30~40 cm 为宜，覆 10 cm 的沙子，上盖草帘或碎草。

2. 分层存放法

先在地面铺 10 cm 的沙子，再撒一层子麻，要撒均匀，不要堆积。上面再撒 2~3 cm 沙土，堆积厚度以 30 cm 为宜，上面覆盖 10 cm 沙土，最外面盖草帘或碎草，在 12 月可以在草帘或碎草上面盖塑料膜保温保湿。这种存放方式在来年春播时，天麻完全光滑无损，没有任何斑点。

在天麻生产过程中，常发生烂种现象，造成损失。笔者认为，贮藏天麻应把好“三关”。一是采收关。天麻分春、冬两季采挖，其中在冬季采挖天麻的同时，将新鲜、无病虫害、无损伤的小天麻挑出，经 1~2 d 晾去部分水分，再集中贮藏备来年做种用。二是温度关。将晾去部分水分的天麻种按层次摆放于砖池塘、大瓦盆或木箱内。每层之间用湿润沙土盖没，先用黄沙铺底，上面每铺一层天麻，就盖一层沙土。贮藏温度应控制在 2~5 °C，以免温度变化过大而造成天麻种烂坏。三是湿度关。贮藏期间应经常检查，如发现有麻种生病斑或霉变，应及时降低沙土含水量，并将烂麻挑出。如发现麻种有萎缩、皱缩现象，应将沙土稍拌点水。贮麻用的沙土湿度以手抓能成团、一扔即可散开为宜。

### 4.3.2　干制天麻的贮藏

成品天麻制成后，如不能及时出售，就必须妥善贮藏。要立即用内附白纸的无毒塑料封闭包装或用瓷坛等密闭又不易吸潮的器具密封后放在通风、干燥处保存，防止回潮霉变，以免影响质量，每 30 ~ 45 d 要检查翻晒。可以在上面盖干净厚纸，存放干燥处，以防回潮霉变。同时在每年虫蛀季节前（3—4 月份）用硫黄重熏一次以防虫蛀。或者把加工好的天麻放在塑料袋中储存，只要不受潮，一般不会霉变。伏天可以暴晒。加工的商品天麻在夏季还会遭虫蛀，在储存期间可以用报纸包些花椒放在袋中防虫蛀。

大批量的天麻贮藏库应通风、干燥、避光，必要时安装空调及除湿设备，并具有防鼠、虫的措施。搞好仓库内外的环境卫生，减少病虫来源和滋生场所。控制库房温度在 15 °C，相对湿度在 80%以下，预防虫蛀和霉变。

## 参考文献

[1] 李刚凤，传均强，杨天友. 天麻油茶汤加工工艺研究[J]. 保鲜与加工，2016，16（5）：80-83.

[2] 李刚凤，康明，朱苗，等. 天麻可乐加工工艺研究[J]. 食品工业，2017，38（3）：145-148.

[3] 李刚凤，关来印，吕真真，等. 天麻面条加工工艺研究[J]. 食品科技，2017，42（1）：192-195.

[4] LU D, CAO B, LI Y F, et al. Clinical study on Qi Yu ointment gauze for promoting healing and pain release after the operation for fistula[J]. Qiannan Med Coll Nationalities, 2016, 29: 106-108.

[5] 王孝涛. 历代中药炮制汇典（古代部分）[M]. 江西：江西科学技术出版社，1998：25-26.

[6] 肖薇，尹珉，庄志宏，等. 不同产地天麻中天麻素含量的测定[J]. 北京中医药，2011，30（12）：945-946.

[7] 涂雪莲，范巧佳. 不同产地天麻氨基酸的含量测定[J]. 氨基酸和生物资源，2013，35（4）：64-67.

[8] 陈英，孙传芳. 不同产地天麻中微量元素含量测定[J]. 绵阳师范学院学报，2016，35（08）：54-58.

[9] 毕荣璐，赵峰宁，郭文，等. HPLC 测定不同产地天麻中天麻素天麻苷元含量[J]. 云南化工，2017，44（05）：35-38.

[10] 周碧乾，齐路明，马云桐，等. 天麻初加工方法对主要成分含量的影响及加工方法的化学模式识别[J]. 天然产物研究与开发，2018，30（5）：736-743+869.

[11] 朱仕豪，阳楠，欧梓轩，等. 天麻主要活性成分分离和鉴定及产地初加工方法对其含量的影响[J]. 湖南农业大学学报（自然科学版），2019，45（2）：194-198+204.

[12] 黄先敏，祁岑，朱玉勇，等. 鲜天麻及不同加工天麻中天麻苷元和天麻素含量的测定[J]. 昭通学院学报，2017，39（5）：42-47.

[13] 宋振玉. 中草药现代研究：第一卷[M]. 北京. 北京医科大学中国协和医科大学联合出版社，1995：137.

[14] 陈琛，李鑫鑫，徐尤美，等. 天麻多糖的分离纯化与抗氧化活性研究[J]. 中国临床药理学杂志，2018，34（18）：2203-2206.
[15] 王锐，熊汝琴. 4 种天麻变型多糖的提取及含量测定[J]. 天津农业科学，2017，23（2）：12-15.

# 5 天麻系列食品加工

传统上天麻主要作为一味名贵中药使用，随着对天麻研究的不断深入以及对其开发利用程度的不断提高，不少保健产品也应时而生，主要有天麻保健药酒、天麻保健饮料及天麻保健食品三大类（赵杨等，2003）。天麻用于保健，古书中亦有记载，宋代《本草衍义》记载："人或蜜渍为果，或蒸煮食，用天麻者，深思之则得矣。"（吴静澜等，2017）。天麻的菜肴同样具有很好的保健作用，例如天麻炖乌鸡可补益气血，滋阴化痰；天麻煲鸡蛋可治疗眩晕、头痛；天麻粥可适用于肝风内动所致的惊痫抽搐、头目眩晕、风湿痹痛、手足麻木等症（兰建新，2011）；鱼头天麻有健脑提神，治风湿头痛的功效（罗林钟，2007）。2019 年国家卫生健康委联合国家市场监管总局，根据《食品安全法》规定，经安全性评估并广泛公开征求意见，将对天麻等 9 种物质开展按照传统既是食品又是中药材的物质生产经营试点工作。但是由于天麻并不愉悦的天然风味，在食品方面的研究很少，目前主要是复合饮品方面的研究，如天麻酒（高远，2012）、天麻花草茶复合饮料（汪开拓等，2015）、天麻草莓复合饮料（张德华等，2008）、天麻可乐（李刚凤等，2017）和天麻蜂蜜复合饮料（龚恕等，2015）等。

## 5.1 天麻脱苦脱涩研究

由于天麻并不愉悦的风味以及自然味微苦涩，在加工转化过程中存在局限性。因此探索出改善天麻口感的方式，有利于带给食用者更好的口感体验，使消费人群更广泛。

本节提供一种天麻脱苦脱涩的方法，并用脱苦脱涩后的天麻片制作饮料，获得营养价值较高、口感较好、具有天麻保健功效的饮料，为天麻的深加工及应用提供参考。

### 5.1.1 材料与方法

1. 选　料

剔除发霉、长虫的烂麻及杂质，选择透明度好、肉质饱满、大小均匀的天麻。

2. 清　洗

首先用超声波清洗（清洗频率 20 kHz，清洗功率 60 W，温度 25 °C，时间 5 min），然后用流动清水清洗干净。

3. 蒸　制

120 °C、40 min。

4. 切　片

将蒸制好的天麻晾凉，分别横向及纵向切成厚度为 3 ~ 6 mm 的薄片。

5. 除　色

添加 3%活性炭（护色：质量分数 0.1%抗坏血酸和 0.1%柠檬酸）。脱色条件：pH 4，温度 40 °C，时间 28.5 min，活性炭用量 1.5 g/mL。

6. 脱　苦

用 $\beta$-环状糊精溶液浸泡天麻使其脱苦。对 $\beta$-环状糊精溶液质量分数（0%、1%、2%、3%）、浸泡时间（60、90、120 min）、浸泡温度（35、45、55 °C）分别进行单因素试验确定其水平因素。每个单因素试验的处理组称取 100 g 天麻。根据单因素试验结果，选取上述 3 个单因素试验的适宜水平进行 $L_9(3^4)$ 正交试验，探索 $\beta$-环状糊精溶液浸泡对天麻脱苦的最佳工艺条件。单因素试验和正交试验均以感官判定来判断天麻脱苦效果。

7. 脱　涩

用 NaCl 溶液浸泡天麻使其脱涩。分别对 NaCl 溶液质量分数（0%、1%、2%、3%）、浸泡时间（5、10、15 min）、浸泡温度（35、45、55 °C）进行单因素试验确定其水平因素。每个单因素试验的处理组称取 100 g 天麻。根据单因素试验结果，选取上述 3 个单因素试验的适宜水平进行 $L_9(3^4)$ 正交试验，探索 NaCl 溶液浸泡对天麻脱涩的最佳工艺条件。单因素试验和正交试验均以感官判定来判断天麻脱涩效果。

8. 漂　洗

流动清水漂洗。

9. 烘　干

变温干燥（35 °C 连续干燥 12 h；45 °C 连续干燥 12 h，室温放置 12 h；55 °C 连续干燥 12 h，室温放置 12 h）。

### 5.1.2　效果评价

天麻脱苦脱涩效果的感官评价标准见表 5-1。

表 5-1　天麻脱苦脱涩效果的感官评价标准

| 指标 | 评分标准 | | |
|---|---|---|---|
| 苦味（40分） | 0～15分：苦味太重，余味有苦味，严重影响味觉感受 | 15～30分：苦味较浅，短时间消失，对味觉影响较小 | 30～40分：基本没有苦味 |
| 涩味（30分） | 0～10分：涩味太重，余味有麻味，长久不消散 | 10～20分：涩味较浅，短时间消失 | 20～30分：基本没有涩味 |
| 接受程度（30分） | 0～10分：不能接受 | 10～20分：较能接受 | 20～30分：完全接受 |

## 5.1.3　实验结果

天麻脱苦、脱涩单因素试验结果如表 5-2 至表 5-7 所示，正交试验因素水平如表 5-8 所示，正交试验结果如表 5-9 所示。

表 5-2　$\beta$-环状糊精溶液质量分数对天麻苦味的影响

| 因素 | 质量分数（变量）/% | 温度/°C | 时间/min | 最适值 |
|---|---|---|---|---|
| 1 | 0 | | | |
| 2 | 1 | | | |
| 3 | 2 | 45 | 60 | * |
| 4 | 3 | | | |
| 5 | 4 | | | |

表 5-3　$\beta$-环状糊精溶液浸泡时间对天麻苦味的影响

| 因素 | 质量分数/% | 温度/°C | 时间（变量）/min | 最适值 |
|---|---|---|---|---|
| 1 | | | 50 | |
| 2 | 2 | 45 | 60 | * |
| 3 | | | 70 | |
| 4 | | | 80 | |

表 5-4　$\beta$-环状糊精溶液浸泡温度对天麻苦味的影响

| 因素 | 质量分数/% | 温度（变量）/°C | 时间/min | 最适值 |
|---|---|---|---|---|
| 1 | | 35 | | |
| 2 | 2 | 40 | 60 | |
| 3 | | 45 | | * |
| 4 | | 50 | | |

表 5-5　NaCl 溶液质量分数对天麻涩味的影响

| 因素 | 质量分数（变量）/% | 温度/°C | 时间/min | 最适值 |
|---|---|---|---|---|
| 1 | 0 | | | |
| 2 | 0.5 | | | * |
| 3 | 1 | 45 | 60 | |
| 4 | 1.5 | | | |
| 5 | 2 | | | |

表 5-6　NaCl 溶液浸泡温度对天麻涩味的影响

| 因素 | 质量分数/% | 温度（变量）/°C | 时间/min | 最适值 |
|---|---|---|---|---|
| 1 | 0.5 | 35 | 60 | |
| 2 | | 40 | | |
| 3 | | 45 | | * |
| 4 | | 50 | | |

表 5-7　NaCl 溶液浸泡时间对天麻涩味的影响

| 因素 | 质量分数/% | 温度/°C | 时间/min | 最适值 |
|---|---|---|---|---|
| 1 | 0.5 | 45 | 50 | |
| 2 | | | 60 | * |
| 3 | | | 70 | |
| 4 | | | 80 | |

表 5-8　天麻脱苦脱涩正交试验因素水平表

| 水平 | *A* 时间 | *B* 温度 | *C* β-环状糊精溶液质量分数 | *D* 食盐溶液质量分数 |
|---|---|---|---|---|
| 1 | 1（50 min） | 1（40 °C） | 1（1.5%） | 1（0.4%） |
| 2 | 2（60 min） | 2（45 °C） | 2（2%） | 2（0.5%） |
| 3 | 3（70 min） | 3（50 °C） | 3（2.5%） | 3（0.6%） |

表 5-9　正交试验结果表

| 分组 | *A* | *B* | *C* | *D* | 感官分数 |
|---|---|---|---|---|---|
| 1 | 1 | 1 | 1 | 1 | 71.6 |
| 2 | 1 | 2 | 2 | 2 | 80.0 |
| 3 | 1 | 3 | 3 | 3 | 72.7 |
| 4 | 2 | 1 | 2 | 3 | 73.1 |
| 5 | 2 | 2 | 3 | 1 | 75.0 |
| 6 | 2 | 3 | 1 | 2 | 75.8 |
| 7 | 3 | 1 | 3 | 2 | 83.3 |
| 8 | 3 | 2 | 1 | 3 | 69.8 |
| 9 | 3 | 3 | 2 | 1 | 77.0 |
| $K_1$ | 74.7 | 76.0 | 72.4 | 74.5 | |
| $K_2$ | 74.6 | 74.9 | 76.7 | 79.7 | |
| $K_3$ | 76.7 | 75.1 | 77.0 | 71.9 | |
| $R$ | 2.1 | 1.1 | 4.6 | 8.2 | |

由表 5-2 至表 5-7 可知：改善天麻口感的最佳实验方案为 $A_3B_1C_3D_2$。即浸泡时间 70 min，浸泡温度 40 °C，β-环状糊精溶液质量分数 2.5%，NaCl 溶液质量分数 0.5%。

## 5.2 天麻红枣饮料研制

目前，天麻饮料的产品还很少，所以开发天麻系列饮品具有较好的商业前景。天麻红枣保健饮料是将新鲜天麻煮熟，榨汁，过滤后与浸提的红枣汁，加以蜂蜜、柠檬酸调配，减轻、消除天麻特有的异味。天麻饮品改善了直接食用天麻和天麻类药物的口感，为天麻的深加工及应用提供依据，具有广阔的市场前景。

### 5.2.1 材料与方法

#### 5.2.1.1 原材料处理

1. 天麻处理

（1）原料挑选：剔除发霉、长虫的烂麻，选择透明度好、肉质饱满、大小均一的新鲜天麻。

（2）清洗：用自来水冲洗的同时进行软毛刷刷洗，去掉泥土及沙粒物质。

（3）榨汁：去皮后切成大小均一的小块，蒸馏水浸泡后榨汁至无明显颗粒。

（4）过滤：三层纱布过滤两次。

2. 红枣处理

（1）整理切块：取适量新鲜红枣，温水冲洗以除去混杂物。两边去蒂去核后，果肉切块至均一大小，称取所需量。

（2）烘烤：80 °C 水浴烘烤出焦香味，约 10 min。

（3）水浴浸提：100 °C 水提 1 h。

（4）浓缩过滤：将天麻滤液和红枣浸提液混合，经 120 目筛过滤，滤除废渣，滤液再经三层纱布过滤，得天麻红枣汁，冷藏备用。

#### 5.2.1.2 红枣浸提单因素试验

随机挑选 10 名具有食品感官分析专业知识的评判员，对单因素试验的天麻红枣饮料进行感官评价，根据评分标准打分，一组完毕后用温水漱口，再品尝下一杯，筛选出口味良好的成品。其中主要因素为天麻浆用量、红枣浸提液用量、柠檬酸溶液（0.1%）用量、槐花蜜用量（波美度 42）。感官评定标准如表 5-10 所示，所有分值按平均分四舍五入计算。

表 5-10　天麻红枣饮料的感官评定标准

| 指标 | 分值 | 评分标准 |
| --- | --- | --- |
| 滋味 | 15 | 原料味明显，口感不佳 0～8；口感柔和，过酸或过甜 8～15；酸甜适中，味道偏淡，无异味 15～25；酸甜适中，口味协调，口感饱满 25～35 |
| 风味 | 20 | 无香味<10；天麻或红枣的香味仅一种 10～18；天麻或红枣的香味较淡 18～25；天麻及红枣的香味浓郁 25～30 |
| 色泽 | 35 | 色泽黯淡、无光泽<6；有一定光泽 6～13；有光泽 13～20 |
| 澄清度 | 30 | 浑浊、有沉淀<5；透明澄清、有沉淀 5～10；透明澄清、无沉淀 10～15 |

## 5.2.2　结果与分析

实验结果如表 5-11 所示。

表 5-11　温度、料液比、浸提时间和果胶酶对天麻饮料可溶性固形物含量影响

| 温度/°C | 可溶性固形物 | 料液比 | 可溶性固形物 | 浸提时间/min | 可溶性固形物 | 果胶酶/% | 可溶性固形物 |
| --- | --- | --- | --- | --- | --- | --- | --- |
| 40 | 1.348 | 1∶2 | 1.358 | 50 | 1.358 | 0 | 1.348 |
| 45 | 1.347 | 1∶4 | 1.351 | 80 | 1.351 | 0.02 | 1.349 |
| 50 | 1.346 | 1∶6 | 1.346 | 90 | 1.346 | 0.05 | 1.346 |
| 55 | 1.346 | 1∶8 | 1.338 | 100 | 1.338 | 0.1 | 1.348 |
| 60 | 1.345 | 1∶16 | 1.337 | 120 | 1.337 | 0.5 | 1.348 |
|  |  | 1∶24 | 1.336 | 180 | 1.336 | 1 | 1.348 |
|  |  | 1∶32 | 1.335 | 240 | 1.335 | 5 | 1.351 |
|  |  | 1∶40 | 1.335 |  |  |  |  |

据实验数据可知，随着温度的升高，可溶性固形物含量降低，因此选取 40 °C 为最佳浸提温度。随着料液比的升高，可溶性固形物含量逐渐降低，综合成品甜度口感及成本，选取 1∶32 为最佳浸提料液比。随着浸提时间延长，可溶性固形物含量先降低后上升至不变，因此选取 100 min 为最佳浸提时间。不加与加入果胶酶后可溶性固形物含量无明显改变，综合实验复杂性考虑，确定不加入果胶酶进行处理。

在天麻汁和红枣浸提液制备工艺优化的基础上，添加可增加风味的蜂蜜和柠檬酸，以符合饮料的感官评价分数为指标，设计相关正交试验优化调配方案，结果见表 5-12、表 5-13。从表中极差 $R$ 可知，蜂蜜添加量对饮料的感官分数的影响最大，其次分别为天麻汁、红枣浸提液和柠檬酸。各因素最佳水平添加工艺组合为：$A_3B_3C_1D_3$，即天麻汁 35 mL、红枣浸提液 35 mL、柠檬酸溶液 1 mL、蜂蜜 0.5 mL。由于该最优工艺组合不包含在其中的 9 组实验设计中，在以上相同实验条件下采用最优配方重复进行 5 次验证实验，得出天麻红枣饮料的感官评价平均分数为 87.1，高于 9 组实验最大值 86.9，因此验证 $A_3B_3C_1D_3$ 为最优调配组合。

表 5-12　正交试验因素水平表

| 水平 | 因素 | | | |
|---|---|---|---|---|
| | *A* 天麻汁用量/mL | *B* 红枣浸提液用量/mL | *C* 柠檬酸用量/mL | *D* 蜂蜜用量/mL |
| 1 | 25 | 25 | 1 | 0.3 |
| 2 | 30 | 30 | 2 | 0.4 |
| 3 | 35 | 35 | 3 | 0.5 |

表 5-13　天麻红枣饮料感官正交试验因素水平表

| 序号 | 因素 | | | | 感官评分 |
|---|---|---|---|---|---|
| | *A* | *B* | *C* | *D* | |
| 1 | 1 | 1 | 1 | 1 | 57.5 |
| 2 | 1 | 2 | 2 | 2 | 54.4 |
| 3 | 1 | 3 | 3 | 3 | 56.3 |
| 4 | 2 | 1 | 2 | 3 | 70.0 |
| 5 | 2 | 2 | 3 | 1 | 60.0 |
| 6 | 2 | 3 | 1 | 2 | 86.9 |
| 7 | 3 | 1 | 3 | 2 | 83.1 |
| 8 | 3 | 2 | 1 | 3 | 75.6 |
| 9 | 3 | 3 | 2 | 1 | 84.4 |
| $K_1$ | 56.1 | 70.2 | 73.4 | 41.6 | |
| $K_2$ | 72.3 | 65.9 | 57.1 | 62.3 | |
| $K_3$ | 81 | 75.9 | 67.1 | 67.3 | |
| *R* | 25 | 10 | 10 | 26.3 | |

## 5.3 天麻保健酸奶研制

酸奶在发酵过程中，部分蛋白质会被分解成肽和游离氨基酸，变得容易与消化酶作用，被机体吸收利用。酸奶中的钙经乳酸的作用变成乳酸钙，更易于被机体吸收，可以促进幼儿骨骼发育和防止老年人骨质疏松等病症（宗宪峰，2008）。酸奶中含有的大量活性乳酸菌能够调节肠道菌群，使腐败有毒物质显著减少，可以预防和治疗由腐败有毒物产生的有害细菌引起的便秘、腹痛等病症；还能减少乳糖不耐症的发生，提高人体免疫力（臧明丽等，2018）。为了提升酸奶的功能性，许多具有营养保健功效的成分和辅料如膳食纤维、谷物、食用菌、蔬菜等被添加到酸奶中（刘亚琼等，2015），可以改善酸奶的单一口味，丰富酸奶的营养。现已研究开发的酸奶种类有：蔬菜瓜果类酸奶、野菜类酸奶、水果干果类酸奶、豆科粮食类酸奶、中药植物类酸奶、食用真菌类酸奶、特殊功能类酸奶等（刘晓霞，2006）。本节以天麻作为添加物，研究制作一种中药植物酸奶，以期能够研制出一种相较普通酸奶具有独特的保健功能的酸奶制品。

## 5.3.1 材料与方法

### 5.3.1.1 材　料

新鲜天麻、伊利纯牛奶、发酵用酸奶、食用蔗糖、半纤维素酶、饮用水。

### 5.3.1.2 工艺流程

新鲜天麻→洗净→蒸熟→去皮→打成匀浆→酶解→鲜牛奶搅匀调配→均质→杀菌→冷却→42 °C 发酵→4 °C 冷藏后熟

↑

发酵剂

### 5.3.1.3 天麻预处理

新鲜天麻 30 ~ 35 °C 温水浸泡 15 min，清水洗净，100 °C 蒸 30 min，去皮，切成小块，放入搅拌机中破碎打成匀浆，得到天麻匀浆。

### 5.3.1.4 天麻匀浆的酶解工艺优化

1. 天麻水解液中总糖含量分析

取干燥的葡萄糖标准品 0.0625 g，加蒸馏水溶解，定容于 250 mL 容量瓶。苯酚 200 g，加铝片 0.2 g 和碳酸氢钠 0.1 g，蒸馏，收集 180 ~ 182 °C 馏分，称取 15 g 收集的馏分，加蒸馏水溶解，定容于 250 mL 容量瓶。置于棕色瓶，放冰箱保存备用。取干净试管 9 支，按表 5-14 进行操作，以吸光度为纵坐标、各标准液浓度为横坐标作图，得标准曲线，如图 5-1 所示。

表 5-14　苯酚浓硫酸标准曲线制作参数

| | 0 | 1 | 2 | 3 | 4 | 5 | 6 | 7 | 8 |
|---|---|---|---|---|---|---|---|---|---|
| 250 μg/mL 葡萄糖标准液体积/mL | 0 | 0.1 | 0.2 | 0.3 | 0.4 | 0.5 | 0.6 | 0.7 | 0.8 |
| 蒸馏水体积/mL | 1.0 | 0.9 | 0.8 | 0.7 | 0.6 | 0.5 | 0.4 | 0.3 | 0.2 |
| 苯酚试剂体积/mL | 1.0 | 1.0 | 1.0 | 1.0 | 1.0 | 1.0 | 1.0 | 1.0 | 1.0 |
| 浓硫酸体积/mL | 5.0 | 5.0 | 5.0 | 5.0 | 5.0 | 5.0 | 5.0 | 5.0 | 5.0 |
| 葡萄糖浓度/μg · mL$^{-1}$ | 0 | 25 | 50 | 75 | 100 | 125 | 150 | 175 | 200 |
| $A_{490\ nm}$ | 0 | 0.124 | 0.272 | 0.386 | 0.475 | 0.583 | 0.725 | 0.835 | 0.937 |

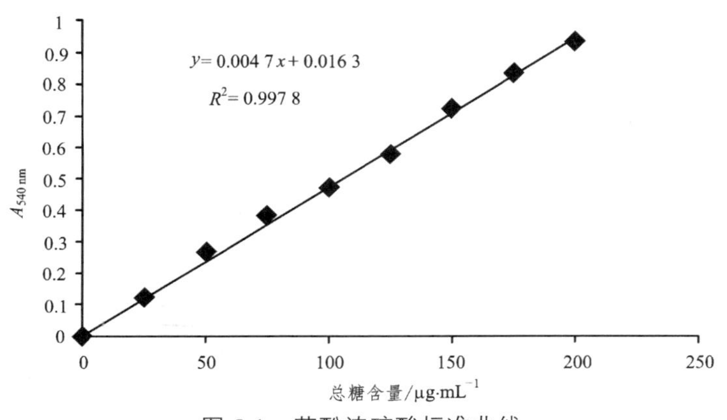

图 5-1　苯酚浓硫酸标准曲线

2. 天麻匀浆与缓冲液比例的优化

固定半纤维素酶的质量分数为 0.1%，缓冲液 pH 为 6.0，酶解时间为 4 h，天麻匀浆与缓冲液比例分别为 1∶1、1∶1.25、1∶1.5、1∶1.75、1∶2 进行单因素试验，对所得的酶解液进行多糖和还原糖检测。

3. 半纤维素酶质量分数的优化

固定天麻匀浆与缓冲液比例为 1∶1.5，缓冲液 pH 为 6.0，酶解时间为 4 h，半纤维素酶的质量分数分别为 0.1%、0.2%、0.3%、0.4%、0.5%进行单因素试验，对所得的酶解液进行多糖和还原糖检测。

4. 缓冲液 pH 的优化

固定天麻匀浆与缓冲液比例为 1∶1.5，半纤维素酶质量分数为 0.1%，酶解时间为 4 h，缓冲液 pH 分别为 5.6、5.8、6.0、6.2、6.4 进行单因素试验，对所得的酶解液进行多糖和还原糖检测。

5. 酶解时间的优化

固定天麻匀浆与缓冲液比例为 1∶1.5，半纤维素酶的质量分数为 0.1%，缓冲液 pH 为 6.0，酶解时间分别为 2、3、4、5、6 h 进行单因素试验，对所得的酶解液进行多糖和还原糖检测。

### 5.3.1.5　正交试验法优化天麻匀浆的酶解工艺

根据以上单因素试验结果，分别对料液比（天麻匀浆/缓冲液）、酶质量分数、缓冲液 pH、水解时间筛选出各因素的 3 个水平进行 $L_9(3^4)$ 正交试验，实验设计如表 5-15，以还原糖含量和总糖含量为评价指标，确定最佳酶解条件。

表 5-15　酶解正交试验因素水平设计

| 水平 | 因素 | | | |
|---|---|---|---|---|
| | *A* 天麻匀浆/缓冲液 | *B* 酶浓度/% | *C* 缓冲液 pH | *D* 酶解时间/h |
| 1 | 1∶1 | 0.1 | 5.0 | 3 |
| 2 | 1∶1.5 | 0.3 | 6.0 | 4 |
| 3 | 1∶2 | 0.5 | 7.0 | 5 |

#### 5.3.1.6 天麻保健酸奶工艺条件优化

1. 天麻汁酶解液质量分数优化

固定蔗糖质量分数 6%，发酵剂接种量为 5%，发酵时间为 5 h，天麻汁质量分数分别为1%、3%、5%、7%、9%进行单因素试验，对产出酸奶的组织状况、口感、风味、乳清析出进行感官评分（表 5-16）。

表 5-16 天麻保健酸奶感官评分标准

| 项目 | 20～25 分 | 15～20 分 | 10～15 分 | 5～10 分 |
|---|---|---|---|---|
| 色泽（25 分） | 色泽均匀一致、呈淡黄色、有光泽 | 组织状态较均匀一致、色泽较淡 | 无明显光泽、颜色偏淡 | 无光泽 |
| 口感（25 分） | 酸甜适宜、口感细腻 | 偏酸或偏甜 | 口感较粗糙 | 口感粗糙 |
| 乳清析出（25 分） | 无乳清析出 | 少量乳清析出 | 较多乳清析出 | 乳清析出严重 |
| 风味（25 分） | 有酸奶特有香味，天麻风味适中 | 有发酵乳香味，天麻风味不明显 | 只有轻微乳香味、天麻风味 | 无香味甚至有怪味 |

2. 蔗糖质量分数优化

固定天麻汁酶解液质量分数为 5%，发酵接种量为 5%，发酵时间 5 h，蔗糖质量分数分别为 4%、5%、6%、7%、8%进行单因素试验，对产出酸奶进行感官评分。

3. 发酵剂质量分数优化

固定天麻汁酶解液质量分数为 5%，蔗糖质量分数为 6%，发酵时间为 5 h，发酵接种量为2%、3%、4%、5%、6%进行单因素试验，对产出酸奶进行感官评价。

4. 发酵时间优化

固定天麻汁酶解液质量分数为 5%，蔗糖质量分数为 6%，发酵剂接种量 5%，发酵时间分别为 2、3、4、5、6 h 进行单因素试验，对产出酸奶进行感官评分。

5. 正交法优化天麻酸奶发酵工艺

根据单因素试验所得到各试验参数的基本范围，以上单因素试验分别对蔗糖质量分数、天麻汁质量分数、发酵剂质量分数、发酵时间筛选出各因素的 3 个水平进行 $L_9(3^4)$ 正交试验，试验设计见表 5-17，以感官得分为评价指标，获得最佳配方。

表 5-17 天麻酸奶发酵工艺的正交试验设计

| 水平 | 因素 | | | |
|---|---|---|---|---|
| | *A* 天麻酶解液/% | *B* 蔗糖/% | *C* 发酵剂/% | *D* 发酵时间/h |
| 1 | 5 | 6 | 3 | 4 |
| 2 | 7 | 7 | 4 | 5 |
| 3 | 9 | 8 | 5 | 6 |

## 5.3.2 天麻匀浆酶解工艺

### 5.3.2.1 天麻匀浆与缓冲液比例对酶解液中总糖含量的影响

由图 5-2 可知，随着缓冲液比例的增加，天麻酶解液中的总糖含量持续减少，天麻匀浆与缓冲液比例为 1∶1 时，天麻酶解液中的总糖含量最高。这是因为酶解液体积增加而天麻匀浆质量未增加。因此，综合考虑各因素，选择天麻匀浆与缓冲液比例为 1∶1 为宜。

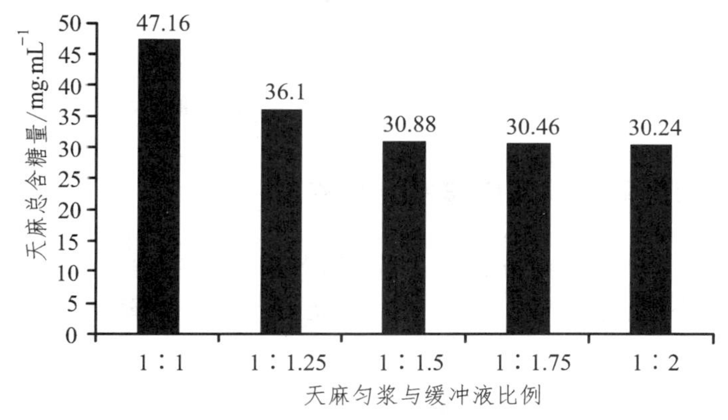


图 5-2 天麻匀浆与缓冲液比例对天麻酶解液总糖含量的影响

### 5.3.2.2 酶质量分数对酶解液中总糖含量的影响

由图 5-3 可知，随着半纤维素酶的质量分数增加，天麻酶解液中的总糖含量先减小再增加，当半纤维素酶质量分数为 0.5%时，天麻酶解液中的总糖含量最高。综合考虑各因素，选择半纤维素酶质量分数 0.5%为宜。

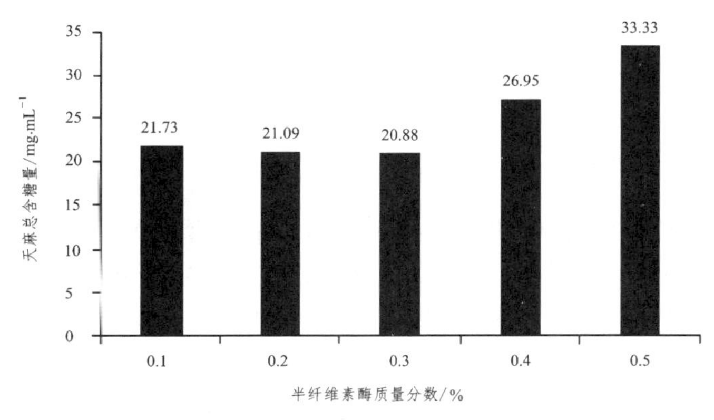


图 5-3 半纤维素质量分数对天麻酶解液总糖含量的影响

### 5.3.2.3 缓冲液 pH 对酶解液中总糖含量的影响

由图 5-4 可知，随着缓冲液 pH 增大，天麻酶解液中的总糖含量逐渐增加，当缓冲液 pH 为 6.4 时，天麻酶解液中的总糖含量最高。综合考虑各因素，选择缓冲液 pH 6.4 为宜。

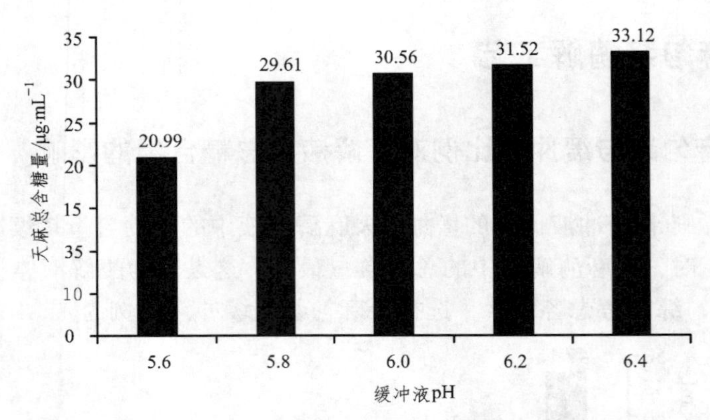


图 5-4 缓冲液 pH 对天麻酶解液总糖含量的影响

### 5.3.2.4 酶解时间对酶解液中总糖含量的影响

由图 5-5 可知，随着酶解时间的增加，天麻酶解液中的总糖含量先增加再减小，当酶解时间为 3 h，天麻酶解液中的总糖含量最高。综合考虑各因素，选择酶解时间为 3 h 为宜。

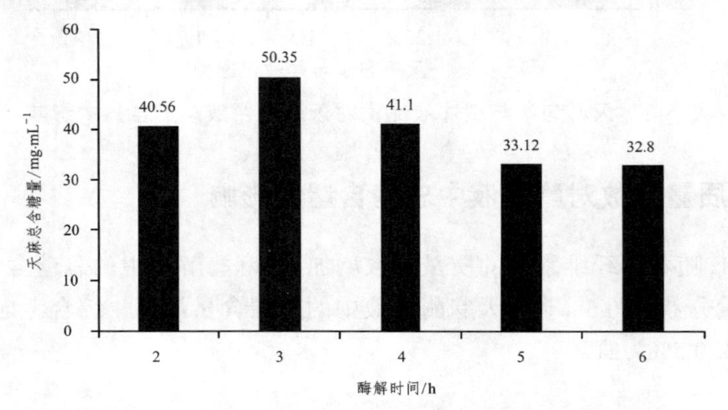


图 5-5 酶解时间对天麻酶解液总糖含量的影响

### 5.3.2.5 酶解工艺优化

由表 5-18 中的 $R$ 值可以看出，影响天麻酶解条件的因素主次顺序为：$A>B>C>D$，即天麻匀浆与缓冲液比例对酶解程度影响最大，其次是半纤维素酶质量分数，缓冲液 pH 和酶解时间影响最小。天麻酶解最佳工艺条件为 $A_1B_1C_1D_2$，即天麻匀浆与缓冲液比例 1∶1，半纤维素酶质量分数 0.1%，缓冲液 pH 6.0，酶解时间 4 h。

表 5-18 $L_9(3^4)$ 酶解正交试验结果

| 序号 | 因素 | | | | 还原糖含量/mg·mL$^{-1}$ |
|---|---|---|---|---|---|
| | $A$ | $B$ | $C$ | $D$ | |
| 1 | 1∶1 | 0.1% | 6.0 | 3 h | 16.686 |
| 2 | 1∶1 | 0.3% | 6.5 | 4 h | 14.484 |

续表

| 序号 | 因素 | | | | 还原糖含量/mg · mL$^{-1}$ |
|---|---|---|---|---|---|
| | $A$ | $B$ | $C$ | $D$ | |
| 3 | 1∶1 | 0.5% | 7.0 | 5 h | 11.145 |
| 4 | 1∶1.5 | 0.1% | 6.5 | 5 h | 12.566 |
| 5 | 1∶1.5 | 0.3% | 7.0 | 3 h | 9.156 |
| 6 | 1∶1.5 | 0.5% | 6.0 | 4 h | 10.780 |
| 7 | 1∶2 | 0.1% | 7.0 | 4 h | 8.517 |
| 8 | 1∶2 | 0.3% | 6.0 | 5 h | 6.244 |
| 9 | 1∶2 | 0.5% | 6.5 | 3 h | 5.391 |
| $K_1$ | 14.105 | 12.469 | 11.237 | 10.11 | |
| $K_2$ | 9.037 | 9.667 | 10.813 | 11.260 | |
| $K_3$ | 7.472 | 9.105 | 9.708 | 9.985 | |
| $R$ | 6.633 | 3.364 | 1.529 | 1.275 | |

因正交试验中没有出现最佳组合 $A_1B_1C_1D_2$，对最佳组合做出验证，重复 5 次，结果取平均值。由表 5-19 可知，最佳组合的还原糖含量高于所有正交试验的工艺组合。

表 5-19　酶解条件最佳工艺条件验证

| 序号 | 最佳条件 | DNS 法 $A_{540\ nm}$ | 还原糖含量/mg · mL$^{-1}$ | 平均还原糖含量/mg · mL$^{-1}$ |
|---|---|---|---|---|
| 1 | | 0.262 | 16.682 | |
| 2 | | 0.260 | 16.544 | |
| 3 | $A_1B_1C_1D_2$ | 0.267 | 17.044 | 16.898 |
| 4 | | 0.270 | 17.252 | |
| 5 | | 0.266 | 16.970 | |

## 5.3.3　天麻酸奶发酵工艺

### 5.3.3.1　天麻酶解液质量分数对天麻酸奶风味的影响

由图 5-6 可知，随着天麻酶解液质量分数的增加，天麻保健酸奶的感官评分先升高再降低。天麻酶解液质量分数为 5%时，天麻保健酸奶感官评分最高。当天麻酶解液质量分数过低时，天麻保健酸奶没有天麻的特殊风味，其感官评分降低；当天麻酶解液质量分数过高时，天麻保健酸奶出现怪味，感官评分降低。因此，天麻酶解液质量分数以 5%为宜。

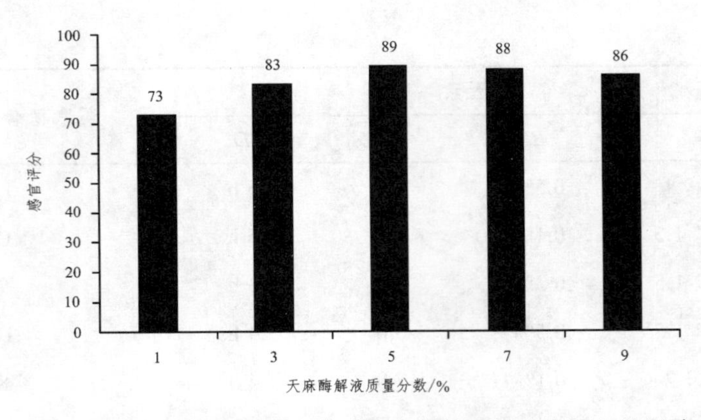


图 5-6　天麻酶解液质量分数对天麻保健酸奶感官评分的影响

#### 5.3.3.2　蔗糖质量分数对天麻酸奶风味的影响

由图 5-7 可知，随着蔗糖质量分数的增加，天麻保健酸奶的感官评分先升高再降低。当蔗糖质量分数 7%时，天麻保健酸奶感官评分最高。当蔗糖质量分数过低时，酸奶口感粗糙、偏酸，其感官评分降低；当蔗糖质量分数过高时，酸奶偏甜，其感官评分降低。综合各项因素，蔗糖质量分数以 7%为宜。

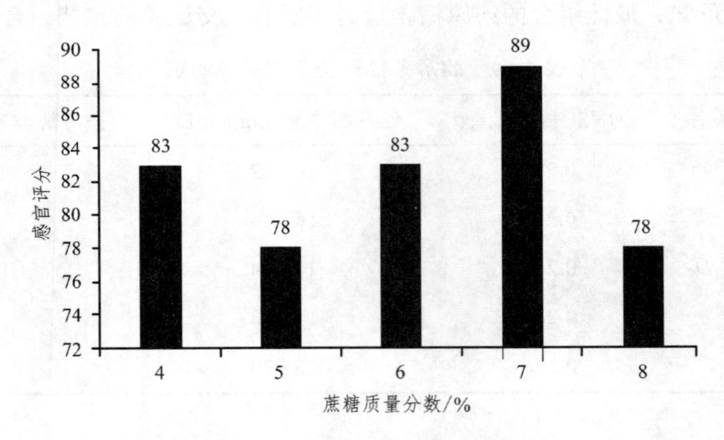


图 5-7　蔗糖质量分数对天麻保健酸奶感官评分的影响

#### 5.3.3.3　发酵剂质量分数对天麻酸奶风味的影响

由图 5-8 可知，随着发酵剂质量分数的增加，天麻保健酸奶的感官评分先升高再降低。当发酵剂质量分数 4%时，天麻保健酸奶感官评分最高。发酵剂质量分数过低或过高会影响酸奶的组织状态，使感官评分降低。因此，发酵剂质量分数以 4%为宜。

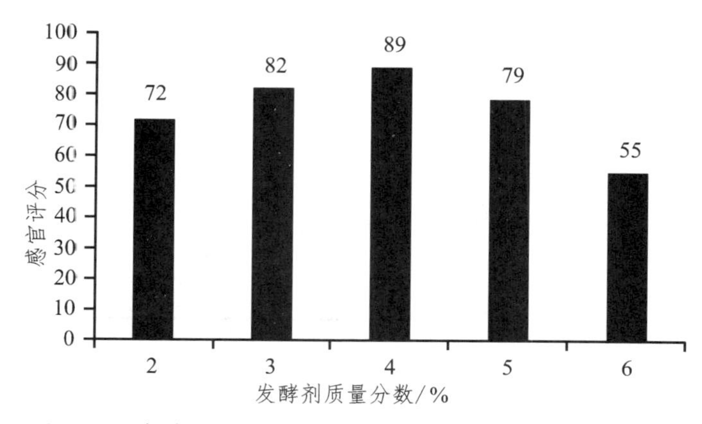


图 5-8　发酵剂质量分数对天麻保健酸奶感官评分的影响

### 5.3.3.4　发酵时间对天麻酸奶风味的影响

由图 5-9 可知，随着发酵时间的增加，天麻保健酸奶的感官评分先升高再降低。当发酵时间为 5 h 时，天麻保健酸奶感官评分最高。当发酵时间过短时，酸奶未凝固好，其感官评分降低；发酵时间过长时，酸奶的水分蒸发过多，口感降低，感官评分降低。因此，综合各因素，发酵时间以 5 h 为宜。

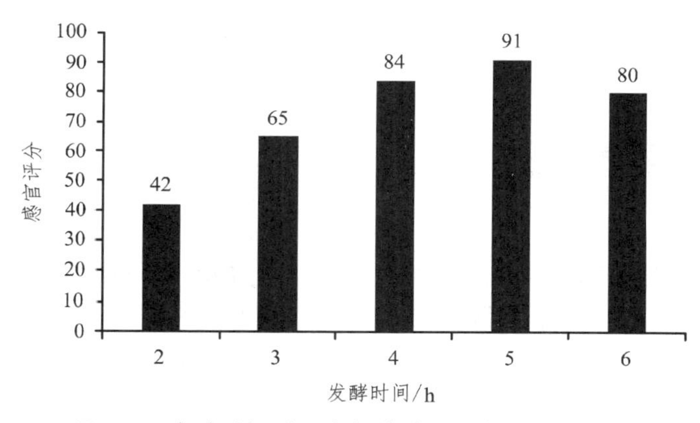


图 5-9　发酵时间对天麻保健酸奶感官评分的影响

### 5.3.3.5　天麻保健酸奶发酵工艺优化

由表 5-18 的 $R$ 值可知，天麻保健酸奶的正交试验影响因素主次为：$D>C>B>A$，即发酵时间对天麻保健酸奶的感官评分影响最大，其次是发酵剂质量分数，天麻酶解液质量分数和蔗糖质量分数影响最小。天麻保健酸奶的最佳工艺条件为 $A_3B_3C_2D_3$，即天麻酶解液质量分数 9%，蔗糖质量分数 8%，发酵剂质量分数 4%，发酵时间 6 h。

因天麻保健酸奶的正交试验未出现最佳组合 $A_3B_3C_2D_3$，因此对最佳组合做出验证，重复 5 次，结果取平均值。由表 5-20 可知，最佳组合的感官评分均高于正交试验的所有工艺条件，符合正交试验的结果。所以在最佳工艺条件下，制作的天麻保健酸奶色泽均匀一致，酸甜适宜，口感细腻，无乳清析出，有独特的天麻风味。

表 5-20　天麻保健酸奶最佳工艺条件验证

| 实验号 | 最佳工艺条件 | 感官评分 | 平均感官评分 |
| --- | --- | --- | --- |
| 1 | | 94 | |
| 2 | | 96 | |
| 3 | $A_3B_3C_2D_3$ | 97 | 95.2 |
| 4 | | 95 | |
| 5 | | 94 | |

注：*A*—天麻酶解液；*B*—蔗糖；*C*—发酵剂；*D*—发酵时间。

本节研究以天麻为主要辅料，在酸奶制作基础上，制作天麻保健酸奶。其最佳工艺条件为：新鲜天麻洗净，沸水蒸煮 30 min，去皮，加入打浆机得天麻匀浆；匀浆以 1∶1 比例加入 pH 为 6.0 的柠檬酸-磷酸二氢钠缓冲液，加入质量分数为 0.1%的半纤维素酶，酶解时间 4 h，得天麻酶解液；将鲜牛奶倒出，加入质量分数为 8%的蔗糖，在 95 °C 水浴锅中静置 10 min 杀菌，冷却至 40 ~ 45 °C 时，接种质量分数为 4%的发酵用酸奶和质量分数为 9%的天麻酶解液，放入 45 °C 恒温培养箱中发酵 5 h，再放入 4 °C 冰箱后熟，冷藏>12 h，即得到天麻保健酸奶。

目前国内的天麻栽种技术已经成熟，产量显著提高，仅作为药用无法满足销售需求，因此天麻的深加工势在必行，而天麻含有多种药效成分，营养丰富，适合开发成保健食品。本次实验表明，天麻保健酸奶的制作切实可行，其保留了天麻特有的保健功能，既可用作保健食品，也可用于食疗，具有很高的营养价值。

## 5.4 天麻果酱研制

随着现代食品加工技术的不断进步，健康饮食观念的不断普及，更加营养化、多样化、复合化、标准化和方便化的果酱产品成为越来越受广大消费者认可的健康食品，已成为目前酱品市场发展的新方向。单一原料的调味品已经无法满足需求现状，各种具有特殊风味及营养保健功能的复合型果酱将是未来趋势，酱类产品的开发还有很大的发展空间（许友孝，2016）。

木姜叶柯为壳斗科柯属植物[*Lithocarpus litseifolius*（Hance）]（中国科学院中国植物志编辑委员会，1998），已被国家批准为食品新原料。木姜叶柯黄酮是木姜叶柯的干燥嫩叶经提取、分离、纯化的有效部位，具有降血糖、降血压、降脂及抗过敏、抗炎等作用（伍贤进等，2019）。在天麻加工产品中添加适量木姜叶柯黄酮不仅可以增加天麻果酱对人体的保健作用，而且可以改善天麻果酱的风味。

### 5.4.1　酶解条件分析

#### 5.4.1.1　半纤维素酶添加量对天麻酶解后还原糖和总糖含量的影响

如图 5-10 所示，在单因素试验中半纤维素酶的添加量分别是 0.1%，0.2%，0.3%，4%，0.5%，分别测得还原糖含量的吸光度是 0.301、0.297、0.286、0.490、0.227。半纤维素酶添加量为 0.5%时，综合还原糖和总糖含量，以半纤维素酶添加量为 0.5%进行 3 个水平因素 $L_9(3^4)$ 正交试验，半纤维素酶水平因素设置分别为 0.4%、0.5%、0.6%。

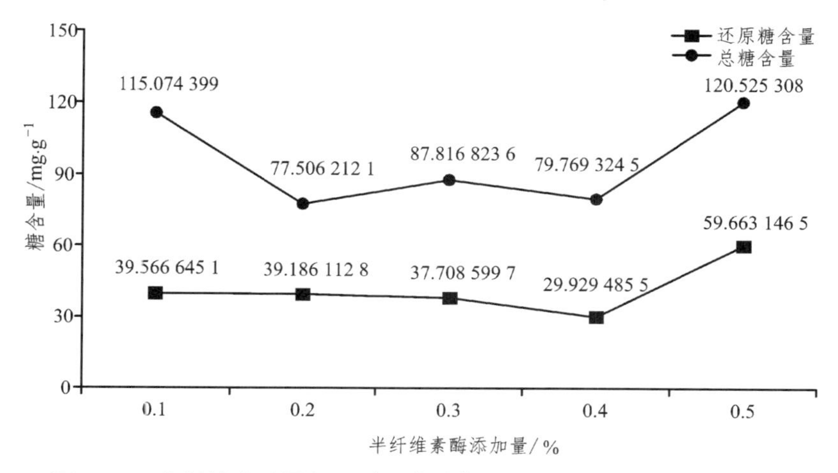


图 5-10　半纤维素酶添加量对天麻酶解后还原糖和总糖含量的影响

### 5.4.1.2　糖化酶添加量对天麻酶解后还原糖和总糖含量的影响

从图 5-11 可知，在单因素试验中糖化酶添加量分别是 0.05%、0.10%、0.15%、0.20%、0.25%，分别测得还原糖含量吸光度是 0.243、0.327、0.261、0.255、0.256。糖化酶添加量为 0.10%时，综合还原糖和总糖含量，以糖化酶添加量为 0.10%进行 3 个水平因素 $L_9(3^4)$ 正交试验，糖化酶添加量设置分别为 0.05%、0.10%、0.15%。

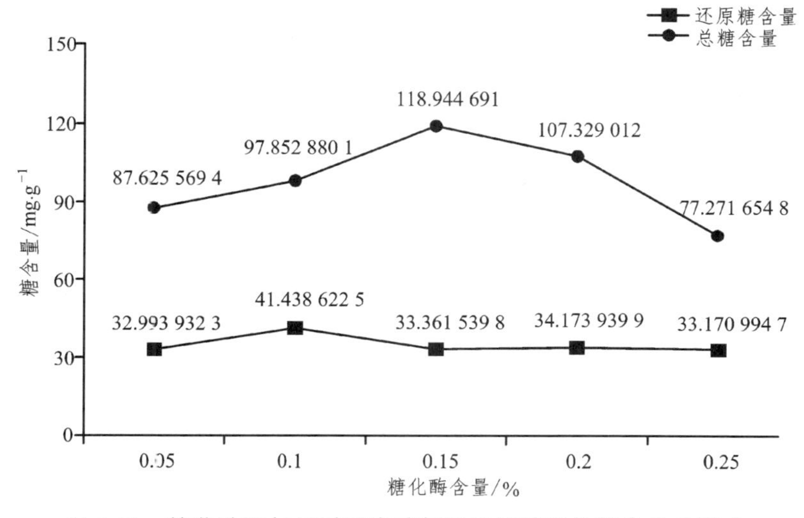


图 5-11　糖化酶添加量对天麻酶解后还原糖和总糖含量的影响

### 5.4.1.3　酶解时间对天麻酶解后还原糖和总糖含量的影响

如图 5-12 所示，在单因素试验中酶解时间分别是 2、3、4、5、6 h，分别测得还原糖含量的吸光度是 0.171、0.291、0.302、0.289、0.255。酶解时间为 4 h，综合还原糖和总糖含量，以酶解时间为 4 h 进行 3 个水平因素 $L_9(3^4)$ 正交试验，酶解时间水平因素设置分别为 3、4、5 h。

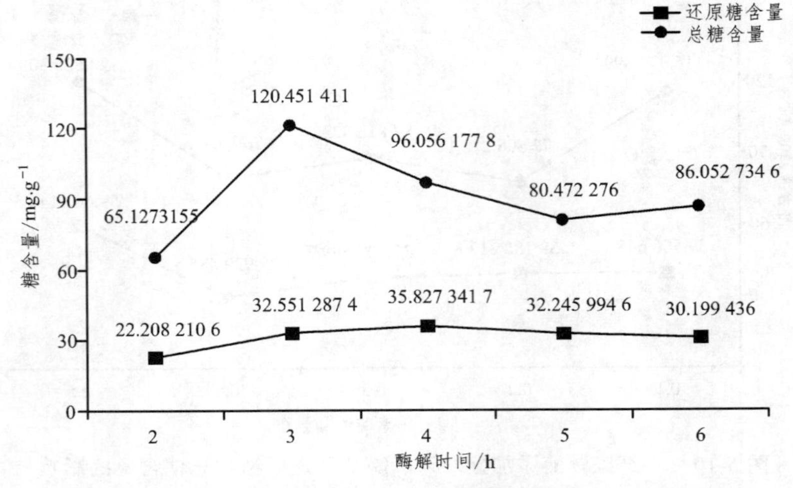


图 5-12 酶解时间对天麻酶解后还原糖和总糖含量的影响

### 5.4.1.4 酶解温度对天麻酶解后还原糖和总糖含量的影响

如图 5-13 所示，在单因素试验中酶解温度分别是 53、55、57、59、61 °C，分别测得还原糖含量的吸光度为 0.173、0.334、0.272、0.229、0.392。酶解温度为 61 °C 时，综合还原糖和总糖含量，以酶解温度为 61 °C 进行 3 个水平因素 $L_9(3^4)$ 正交试验，酶解温度水平因素设置分别为 59、61、63 °C。

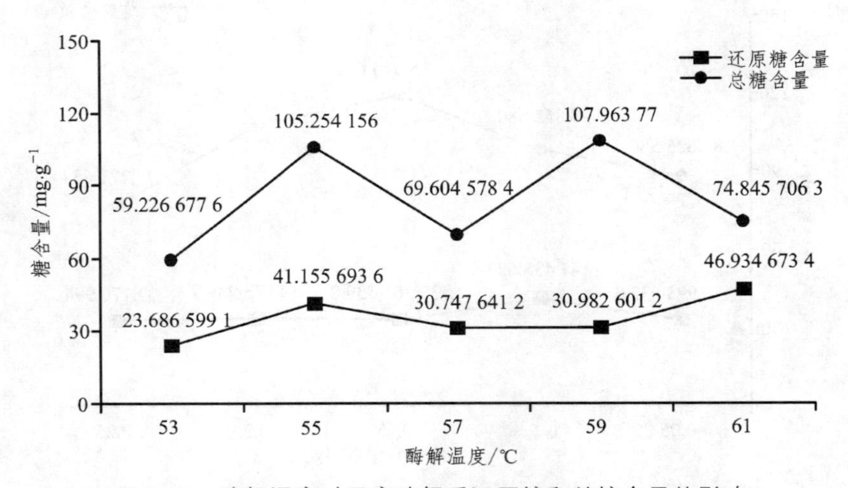


图 5-13 酶解温度对天麻酶解后还原糖和总糖含量的影响

### 5.4.1.5 最佳酶解条件的确定

综上所述，最佳酶解方法的确定，实验设计见表 5-21。

表 5-21　酶解正交试验因素水平设计及其结果

| 分组 | 因素 | | | | 还原糖含量/mg·g$^{-1}$ |
|---|---|---|---|---|---|
| | $A$ | $B$ | $C$ | $D$ | |
| 1 | 1 | 1 | 1 | 1 | 74.79 |
| 2 | 1 | 2 | 2 | 2 | 77.25 |
| 3 | 1 | 3 | 3 | 3 | 91.68 |
| 4 | 2 | 1 | 2 | 3 | 64.93 |
| 5 | 2 | 2 | 3 | 1 | 113.15 |
| 6 | 2 | 3 | 1 | 2 | 83.94 |
| 7 | 3 | 1 | 3 | 2 | 75.49 |
| 8 | 3 | 2 | 1 | 3 | 29.035 |
| 9 | 3 | 3 | 2 | 1 | 91.68 |
| $K_1$ | 243.17 | 215.21 | 187.76 | 279.62 | |
| $K_2$ | 262.02 | 219.43 | 233.86 | 236.68 | |
| $K_3$ | 196.21 | 267.30 | 288.32 | 185.85 | |
| $k_1$ | 81.24 | 71.74 | 62.59 | 93.21 | |
| $k_2$ | 87.34 | 73.15 | 77.95 | 78.89 | |
| $k_3$ | 65.40 | 89.10 | 93.44 | 61.95 | |
| $R$ | 22.60 | 17.36 | 30.85 | 31.26 | |

注：$A$—糖化酶添加量；$B$—半纤维素酶添加量；$C$—酶解温度；$D$—酶解时间。

由极差分析可知，对天麻酶解影响因素的主次顺序为：$D$（酶解时间）>$C$（酶解温度）>$A$（糖化酶添加量）>$B$（半纤维素酶添加量），即酶解时间对酶解程度影响最大，其次是酶解温度，糖化酶添加量和半纤维素酶添加量影响最小。最佳酶解条件为 $A_2B_3C_3D_1$，即糖化酶添加量为 0.1%，半纤维素酶添加量为 0.5%，酶解温度为 63 °C，酶解时间 3 h。

正交试验中没有出现最佳组合 $A_2B_3C_3D_1$，所以对最佳组合做出验证，重复 5 次，结果取平均值。由表 5-22 可知，最佳组合的还原糖含量高于所有正交试验的工艺组合。

表 5-22　酶解条件最佳工艺条件验证

| 序号 | 最佳工艺条件 | 还原糖含量/mg·g$^{-1}$ | 平均还原糖含量/mg·g$^{-1}$ |
|---|---|---|---|
| 1 | | 120.12 | |
| 2 | | 130.12 | |
| 3 | $A_2B_3C_3D_1$ | 115.33 | 121.84 |
| 4 | | 119.33 | |
| 5 | | 124.322 | |

## 5.4.2　材料与方法

### 5.4.2.1　材　料

天麻、木姜叶柯黄酮、白砂糖、柠檬酸、饮用矿泉水、半纤维素酶、糖化酶、苯酚、浓硫酸、3,5-二硝基水杨酸（DNS）。

### 5.4.2.2 工艺流程

新鲜天麻→洗净→蒸熟→去皮→打成匀浆→加水→酶解→调配→浓缩→灌装密封→灭菌→天麻果酱

### 5.4.2.3 操作要点

1. 原料的选择

选择新鲜的优质天麻，要求顶端有红棕色芽苞、底部有贺脐型疤痕，整体坚硬、半透明、断面角质状，气味微苦，口感脆爽。

2. 原料加工方法

（1）天麻原材料预处理：将挑选好的天麻温水浸泡 15 min，洗净、除去泥沙；放置锅中蒸 30 min，蒸至天麻无白心，蒸好的天麻在光亮处照看为半透明状（葛进等，2016）；待冷却后，剥去天麻表皮，切成小块；将天麻小块和水按 2∶1 的比例，加入小型立式胶体磨浆机中，制成匀浆。

（2）天麻水解液中还原糖含量测定：参考裴世成（2018）报道的方法，取 0.63 g 3,5-二硝基水杨酸和 26.2 mL 2 mol/L 氢氧化钠，加到 50 mL 含有 182 g 酒石酸钾钠的热水溶液中，再加上 5 g 重苯酚和 5 g 亚硫酸钠，搅拌溶解，冷却后加水定容到 100 mL，即制成 DNS 试剂，贮于棕色瓶中，放置一周后备用。取干净试管 6 支，按表 5-23 所示，以吸光度为纵坐标、各标准液浓度（mg/mL）为横坐标作图，得标准曲线，如图 5-14 所示。

（3）酶解：酶解法条件温和，操作简单又能保证天麻多糖的含量。中药在其提取过程中会因为一些杂质类成分如淀粉、蛋白质、果胶等而影响产品有效成分的质量。而适当的酶通过温和的酶解反应可将液体中杂质除去，从而提高天麻多糖的含量（王勋等，2013）。分别向天麻匀浆中加入 0.1%、0.2%、0.3%、0.4%、0.5%的半纤维素酶和 0.05%、0.10%、0.15%、0.20%、0.25%的糖化酶，温度为 60 °C，酶解时间为 4 h。

（4）浓缩：将天麻匀浆倒进小型立式胶体磨浆机中磨匀，再用电子万用炉将匀浆进行加热浓缩，边加热边搅拌，待煮制的酱中固形物含量达 60%左右。

表 5-23 DNS 标准曲线制作

| | 0 | 1 | 2 | 3 | 4 | 5 |
|---|---|---|---|---|---|---|
| 1 mg/mL 标准葡萄糖溶液体积/mL | 0 | 0.2 | 0.4 | 0.6 | 0.8 | 1.0 |
| 蒸馏水体积/mL | 1.0 | 0.8 | 0.6 | 0.4 | 0.2 | 0 |
| DNS 试剂体积/mL | 2.0 | 2.0 | 2.0 | 2.0 | 2.0 | 2.0 |
| 葡萄糖含量/mg · mL$^{-1}$ | 0 | 0.2 | 0.4 | 0.6 | 0.8 | 1.0 |
| $A_{540\ nm}$ | 0 | 0.217 | 0.515 | 0.803 | 1.086 | 1.41 |

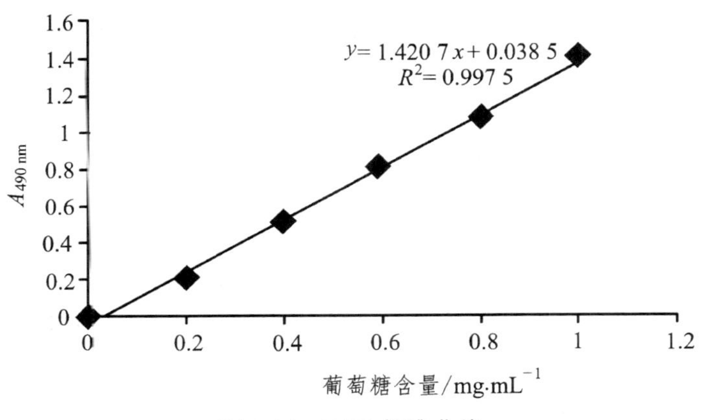


图 5-14　DNS 标准曲线

（5）装罐与调配：按同等的体积将浓缩的酱分别加入 9 个耐高温、可密封、体积为 100 mL 的玻璃小罐子中，要求液面距瓶口必须不小于 3 cm，将小罐子依次贴上标签，依 $L_9(3^4)$ 正交试验加入一定比例的白砂糖（8%、9%、10%）、木姜叶柯黄酮（0.3%、0.4%、0.5%）、柠檬酸（0.1%、0.2%、0.3%）进行调味，通过浓缩使酱中固形物含量分别达到 50%、55%、60%。

（6）杀菌与冷却：将对应的盖子轻放在罐子上，摆好放在篮子中，用立式压力蒸汽灭菌器灭菌，100 °C 杀菌 30 min，95 °C 左右取出成品，用洁净的纱布拧紧瓶盖，用小水盆装一定高度的饮用矿泉水，将密封的小罐子放入水盆中快速冷却，冷却至室温，取出用干净纱布擦干罐子外的水。

### 5.4.2.4　天麻酶解条件优化

1. 半纤维素酶添加量的最佳选择

固定酶解温度 55 °C，酶解时间为 5 h，糖化酶含量为 0.1%，对半纤维素酶添加量分别为 0.1%、0.2%、0.3%、0.4%、0.5%进行单因素试验，以还原糖和总糖含量多少为评价指标。

2. 糖化酶添加量的最佳选择

固定酶解温度为 55 °C，酶解时间为 5 h，半纤维素酶含量为 0.1%，对糖化酶添加量分别为 0.05%、0.10%、0.15%、0.20%、0.25%进行单因素试验，以还原糖和总糖含量多少为评价指标。

3. 酶解时间的最佳选择

固定酶解温度 55 °C，糖化酶含量为 0.1%，半纤维素酶含量为 0.1%，对酶解时间分别为 2、3、4、5、6 h 进行单因素试验，以还原糖和总糖含量多少为评价指标。

4. 酶解温度的最佳选择

固定酶解时间为 5 h，糖化酶含量为 0.1%，半纤维素酶含量为 0.1%，对酶解温度分别为 53、55、57、59、61 °C 进行单因素试验，以还原糖和总糖含量多少为评价指标。

5. 酶解正交条件优化

以上单因素试验分别对半纤维素酶添加量、糖化酶添加量、酶解时间、酶解温度以还原糖和总糖含量为评价指标进行筛选，选出各单因素最优的 3 个水平因素进行 $L_9(3^4)$ 正交试验，确定最佳酶解条件。

#### 5.4.2.5 天麻果酱工艺条件优化

1. 木姜叶柯黄酮添加量的最佳选择

白砂糖添加量为 8%，柠檬酸添加量为 0.3%，固形物含量为 55%，对木姜叶柯黄酮的添加量分别为 0.1%、0.2%、0.3%、0.4%、0.5%进行单因素试验，以感官评价为标准。

2. 白砂糖添加量的最佳选择

木姜叶柯黄酮添加量为 0.4%，柠檬酸添加量为 0.3%，固形物含量为 55%，对白砂糖的添加量分别为 5%、6%、7%、8%、10%进行单因素试验，以感官评价为标准。

3. 柠檬酸添加量的最佳选择

白砂糖添加量为 8%，木姜叶柯黄酮添加量为 0.3%，固形物含量为 55%，对柠檬酸的添加量分别为 0.1%、0.2%、0.3%、0.4%、0.5%进行单因素试验，以感官评价为标准。

4. 固形物含量的最佳选择

白砂糖添加量为 8%，木姜叶柯黄酮的添加量为 0.3%，柠檬酸的添加量为 0.3%，对固形物含量分别为 50%、55%、60%、65%、70%进行单因素试验，以感官评价为标准。

5. 感官评价方法

由接受过感官检验培训的食品专业人士 12 名组成评价小组，对天麻果酱进行不记名感官评价，并打分。感官鉴评标准见表 5-24，每组天麻果酱的 12 个分数中，去掉一个最高分和一个最低分后求出平均值，即是该组的最终感官评价得分。

表 5-24 天麻果酱的感官评价标准

| 组织状态（6 分） | 色泽（6 分） | 口感（6 分） | 风味（6 分） | 综合评分（24 分） |
|---|---|---|---|---|
| 酱体黏稠适中，分布均匀，无细小颗粒（4～6） | 酱体油润有光泽，色泽均匀一致（4～6） | 滋味酸甜适中，口感细腻润滑（4～6） | 具有浓郁的天麻果酱香，整体气味协调（4～6） | 优（16～24） |
| 酱体黏稠度适中，但分布不均匀，有少许细小颗粒（2～3） | 酱体有光泽，但颜色不均匀（2～3） | 滋味较好，口感良好，基本调和（2～3） | 天麻果酱香偏淡或偏重，整体气味协调性差（2～3） | 中（9～15） |
| 酱体黏稠度很稀或很稠，分布不均匀，细小颗粒较多（0～1） | 酱体略有光泽，但颜色为棕黄色偏深（0～1） | 滋味一般，酸度太高或甜度太低，口感不协调（0～1） | 无天麻果酱香或仅有微微的酱香，气味不协调（0～1） | 差（0～8） |

### 5.4.3 天麻果酱工艺条件研究

对白砂糖添加量、木姜叶柯黄酮添加量、柠檬酸添加量、固形物含量筛选出各因素的 3

个水平因素进行 $L_9(3^4)$ 正交试验，以感官评分为评价指标，获得最佳配方。

#### 5.4.3.1　白砂糖添加量对天麻果酱品质的影响

适量添加白砂糖能够增加产品的鲜味和甜味，并且也能增添成品的色泽，天麻果酱味道清淡，加入白砂糖，使其口感更加甜润，使人心情愉悦。所以，白砂糖的添加量在产品口感、色泽、风味上有着重要作用。从图 5-15 可知，白砂糖添加量在 6%～10%内，感官评分随其添加量的增加而升高。因此，选择白砂糖添加量水平因素 8%、9%、10%进行 $L_9(3^4)$ 正交试验，研究白砂糖添加量对天麻果酱品质的影响。

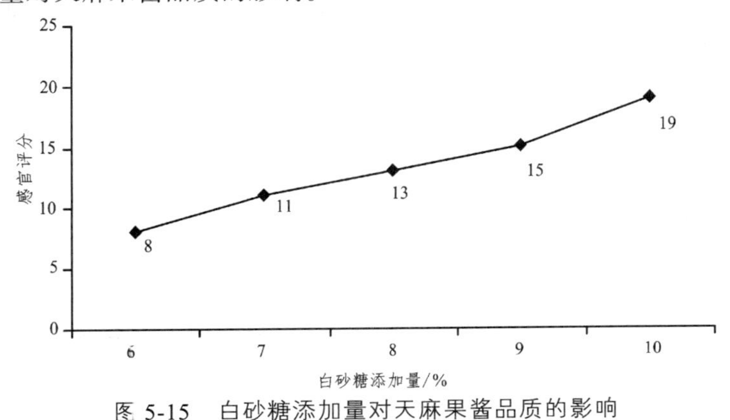

图 5-15　白砂糖添加量对天麻果酱品质的影响

#### 5.4.3.2　木姜叶柯黄酮添加量对天麻果酱品质的影响

木姜叶柯黄酮为棕黄色结晶体，少量添加具有甜味，是特殊的添加物质。木姜叶柯黄酮具有清除自由基、抗氧化、抗血栓、保护心脑血管、抗肿瘤、消炎抑菌、保护肝脏、清热解毒、祛风湿、强筋劲骨等作用，在产品中添加适量不仅可以增加天麻果酱对人体的保健作用，而且可以改善天麻果酱的风味。但要注意木姜叶柯黄酮的添加量，添加过多不仅会使天麻果酱的口感变苦，而且会使天麻果酱的色泽变暗淡。从图 5-16 可知，木姜叶柯黄酮添加量在 0.1%～0.5%内，感官评分随其添加量的增加而升高。因此，选择木姜叶柯黄酮添加量水平因素 0.3%、0.4%、0.5%进行 $L_9(3^4)$ 正交试验，研究木姜叶柯黄酮添加量对天麻果酱品质的影响。

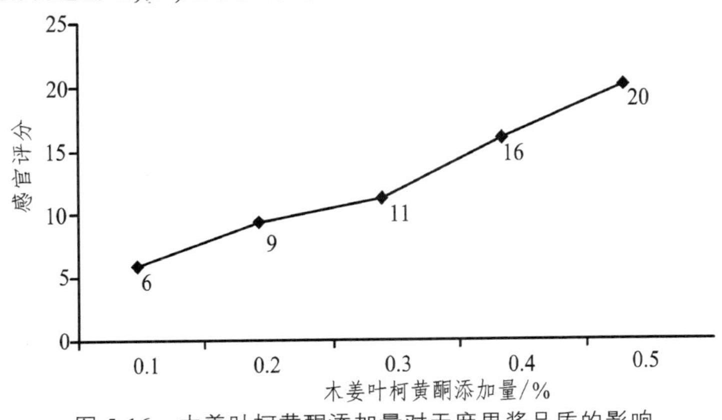

图 5-16　木姜叶柯黄酮添加量对天麻果酱品质的影响

### 5.4.3.3 柠檬酸添加量对天麻果酱品质的影响

柠檬酸在常温下为无色半透明结晶体，在实验室常用一水柠檬酸，对柠檬酸的添加量需进行换算。适当添加柠檬酸可以协调天麻果酱中天麻的甘、淡味，也能调节白砂糖和木姜叶柯黄酮的甜味，使天麻果酱酸甜的口感达到最佳爽口的效果，并且酸味能够开胃，使人更有食欲，增加对天麻果酱的喜欢。但是柠檬酸具有很强的苦酸味，过多的柠檬酸会掩盖天麻果酱本身的独特风味，所以，添加时少量即可。

从图 5-17 可知，柠檬酸添加量在 0.1% ~ 0.5%内，感官评分随其添加量的增加而下降。因此，选择柠檬酸添加量水平因素 0.1%、0.2%、0.3%进行 $L_9(3^4)$ 正交试验，研究柠檬酸添加量对天麻果酱品质的影响。

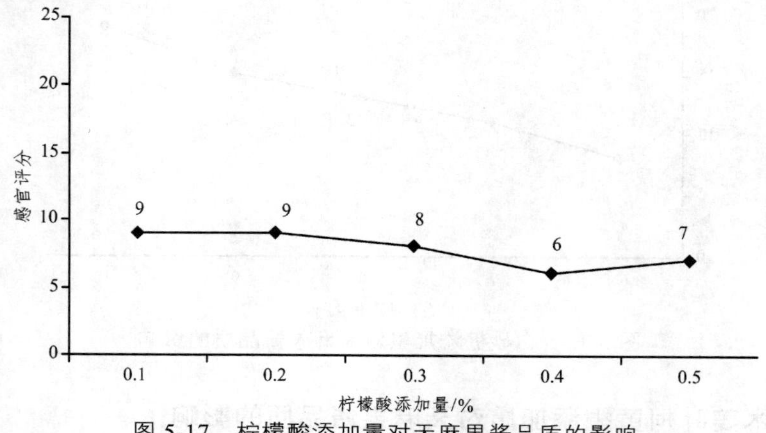


图 5-17 柠檬酸添加量对天麻果酱品质的影响

### 5.4.3.4 固形物含量对天麻果酱品质的影响

固形物含量决定天麻果酱酱体黏稠度、酱体光泽以及细小颗粒数和口感。从图 5-18 可知，固形物含量在 50% ~ 65%时，感官评分随固形物含量的增加上升，但固形物含量高于 65%后感官评分反而急剧下降。因此，选择固形物含量水平因素 50%、55%、60%进行 $L_9(3^4)$ 正交试验，研究固形物含量对天麻果酱品质的影响。

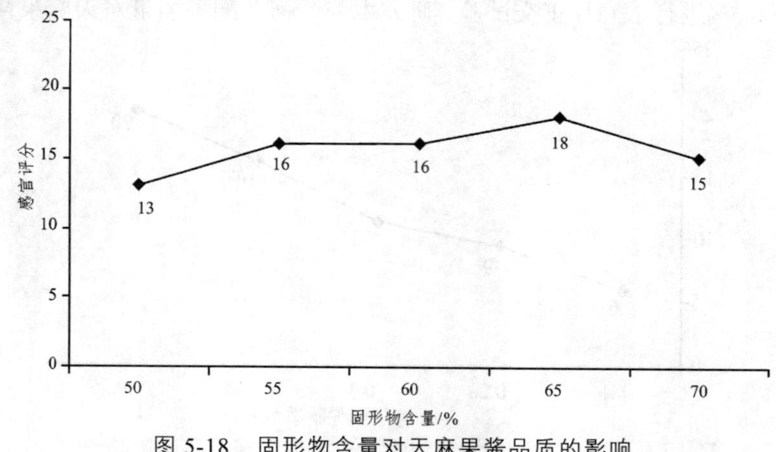


图 5-18 固形物含量对天麻果酱品质的影响

#### 5.4.3.5 天麻果酱风味最佳配方的分析

以最佳的酶解条件对天麻匀浆进行酶解后，把天麻匀浆倒入小型立式胶体磨浆机中，研磨均匀，使浆匀滑细腻，然后进行加热浓缩、分装，根据单因素试验所得各实验参数的基本范围，以新鲜天麻为基料，以白砂糖、木姜叶柯黄酮、柠檬酸的添加量和固形物含量设计 $L_9(3^4)$ 正交试验，筛选出各因素的 2 个实验设计如表 5-25，以感官评价为标准，确定天麻果酱的最佳配方。

综上所述，正交试验水平因素见表 5-25，最佳制备方法（正交试验结果）见表 5-26。

表 5-25 正交试验水平因素设计

| 水平 | 因素 | | | |
|---|---|---|---|---|
| | *A* | *B* | *C* | *D* |
| 1 | 0.3% | 8% | 0.1% | 50% |
| 2 | 0.4% | 9% | 0.2% | 55% |
| 3 | 0.5% | 10% | 0.3% | 60% |

注：*A*—木姜叶柯黄酮添加量；*B*—白砂糖添加量；*C*—柠檬酸添加量；*D*—固形物含量，下同。

表 5-26 天麻果酱制备方法的正交试验结果

| 序号 | 因素 | | | | 综合评分 |
|---|---|---|---|---|---|
| | *A* | *B* | *C* | *D* | |
| 1 | 0.3% | 8% | 0.1% | 50% | 17 |
| 2 | 0.3% | 9% | 0.2% | 55% | 20 |
| 3 | 0.3% | 10% | 0.3% | 60% | 19 |
| 4 | 0.4% | 8% | 0.2% | 60% | 18 |
| 5 | 0.4% | 9% | 0.3% | 50% | 17 |
| 6 | 0.4% | 10% | 0.1% | 55% | 21 |
| 7 | 0.5% | 8% | 0.3% | 55% | 16 |
| 8 | 0.5% | 9% | 0.1% | 60% | 22 |
| 9 | 0.5% | 10% | 0.2% | 50% | 23 |
| $K_1$ | 56 | 51 | 60 | 57 | |
| $K_2$ | 56 | 59 | 61 | 57 | |
| $K_3$ | 61 | 63 | 52 | 59 | |
| $k_1$ | 18.7 | 17 | 20 | 19 | |
| $k_2$ | 18.7 | 19.7 | 20.3 | 19 | |
| $k_3$ | 20.3 | 21 | 17.3 | 19.7 | |
| $R$ | 1.6 | 4 | 2 | 0.7 | |

由表 5-26 极差分析可知，对天麻果酱产品风味影响因素的主次顺序为：*B*（白砂糖添加量）>*C*（柠檬酸添加量）>*A*（木姜叶柯黄酮添加量）>*D*（固形物含量）。以上配方制备的天麻果酱，口感、色泽、香味都是最出色的：口感酸甜适中、可口，细滑甜润；色泽米色明亮、

均匀；酱香味均匀，具有天麻香，并且具有白砂糖的甜香味和柠檬酸的酸味。

天麻果酱的正交试验未出现最佳组合 $A_3B_3C_2D_3$，所以对最佳组合做出验证，重复 5 次，结果取平均值。由表 5-27 可知，最佳组合的感官评分均高于其他工艺条件。即以新鲜天麻为原料，白砂糖添加量为 10%、木姜叶柯黄酮添加量为 0.5%、柠檬酸添加量为 0.2%、固形物含量为 60%。在最佳工艺条件下，制作的天麻果酱口感酸甜适中、可口，细滑甜润；色泽米色明亮、均匀；酱香味均匀，具有天麻香，并且具有白砂糖的甜香味和柠檬酸的酸味。

表 5-27　天麻果酱最佳工艺条件验证

| 序号 | 最佳工艺条件 | 感官评分 | 平均感官评分 |
| --- | --- | --- | --- |
| 1 | | 23 | |
| 2 | | 24 | |
| 3 | $A_3B_3C_2D_3$ | 23 | 23.6 |
| 4 | | 24 | |
| 5 | | 24 | |

本实验在新鲜天麻的预处理方法中选择蒸制的方法，能够保证天麻果酱需要的有效成分（王玫瑰，张先州，2012；周碧乾等，2018）。同时通过利用酶解的方法制备天麻果酱操作简单、环保清洁、成本耗费低、反应条件温和，且可有效提取天麻多糖（谭沙等，2017；王勋等，2013）。

通过天麻酶解单因素试验、酶解正交试验和天麻果酱正交试验，以 12 名评价员的感官评价为标准，对天麻果酱制作工艺进行优化，确定了对天麻果酱影响因素的主次顺序为：白砂糖添加量>柠檬酸添加量>木姜叶柯黄酮添加量>固形物含量。天麻果酱的最佳配方是：以新鲜天麻为原料，白砂糖的添加量为 10%，木姜叶柯黄酮的添加量为 0.5%，柠檬酸的添加量为 0.2%，固形物含量为 60%。按这个配方制备天麻果酱，酱体黏稠适中，均匀分布，无细小颗粒，色泽油润有光泽，均匀一致，滋味酸甜适中，整体气味协调。该天麻果酱不仅品质优良、味道好，营养丰富，同时天麻多糖含量较高，具有清除自由基、抗氧化、抗癫痫、抗血栓、抗肿瘤、保护心脑血管、清热解毒、益脾和胃、宁心安神、消炎抑菌、保护肝脏、祛风湿、强筋劲骨等作用（吴仲珍等，2014），能增强机体的免疫力以及镇痛催眠。

天麻果酱制备工艺简单，原料易得且能够充分利用，运输方便，生产该产品的成本低，具有较好的商业价值，为社会带来一定的经济效益。后续如能对天麻果酱进行有效成分的测定，如天麻多糖和天麻素等，能让天麻果酱走向市场化的道路具有一定的优势，使天麻果酱能够像平常调味酱一样进入每一个普通家庭，并且为人们的身体健康带来一定的作用，从而成为家喻户晓的健康食品。

随着社会经济发展和人民生活水平不断提高，对于各类新型保健食品和健康食品的需求日益增多，天麻纳入新资源食品已是大势所趋。目前，我国卫生部门共批准主要原料含天麻（含提取物）的保健食品多达 119 种。天麻作为一种非常好的保健食品原料，深受业界喜爱与追捧，市场需求日益增大，天麻产业具有广阔的发展前景。

习近平总书记在全国哲学社会科学工作座谈会讲话中指出要“坚定文化自信”。新时代振兴中医药的前提就是坚定中医药文化自信。中草药是中华民族传统知识创新的优势领域。以天麻为代表的药食两用中医药资源产业化开发，我们需要在加工工艺手段上拥抱现代科技，但是在产业化加工思路上回归经典，发扬文化自信。用中草药这把钥匙打开中华文明宝库，维护民众健康、防病治病，推动以天麻为代表的药食两用中医药资源开发利用，为“健康中国 2030”宏伟蓝图添砖加瓦，为实现中华民族伟大复兴的中国梦贡献力量。

## 参考文献


[1] 裴世成，卢慧英，王云，等. 扛板归多糖含量测定方法的建立[J]. 食品工业科技，2018，39（18）：201-208.

[2] 赵杨，康志娇，周欣，等. 药食两用植物——天麻[J]. 贵州师范大学学报（自然科学版），2013，31（4）：9-12.

[3] 吴静澜. 天麻作为保健食品原料药的应用思考[J]. 世界最新医学信息文摘，2017，17（39）：103-104.

[4] 兰建新. 天麻治病五验方[J]. 农村百事通，2011（1）：71.

[5] 罗林钟，邓增惠. 鱼头天麻治头痛[J]. 农村新技术，2007（3）：47.

[6] 高远. 天麻发酵酒的研制[D]. 长春：吉林农业大学，2012.

[7] 汪开拓，夏情燕，马莉，等. 天麻花草茶复合饮料加工工艺及其功能性评价[J]. 食品科技，2015，4.

[8] 张德华，江瑜. 天麻草莓复合饮料的研制及保健功能研究[J]. 中国林副特产，2008（5）：14-16.

[9] 李刚凤，康明，朱苗，等. 天麻可乐加工工艺研究[J]. 食品工业，2017，38（3）：145-148.

[10] 龚恕，许金伟，张星海. 天麻蜂蜜复合饮料的研制[J]. 食品研究与开发，2015，36（9）：65-68.

[11] 宗宪峰. 酸奶的营养价值与保健功能[J]. 中国食物与营养，2008（09）：60-61.

[12] 臧明丽，张宝雪，程相蕊，等. 乳酸菌在酸奶生产中的应用研究进展[J]. 食品安全导刊，2018（27）：173.

[13] 刘亚琼，孙剑锋，王颉. 稳定剂对凝固型杏鲍菇酸奶品质的影响[J]. 食品研究与开发，2015，36（14）：25-27+62.

[14] 刘晓霞. 系列化酸奶开发研究[J]. 运城学院学报，2006（2）：33-35.

[15] 许友孝. 新型苹果花生混合调味酱研究与开发[D]. 福州：福建农林大学，2016.

[16] 中国科学院中国植物志编辑委员会. 中国植物志：22 卷[M]. 北京：科学出版社，1998：201.

[17] 葛进，刘大会，鲁惠珍，等. 蒸制断生后真空冷冻干燥对天麻质量的影响[J]. 中国医院药学杂志，2016，36（3）：180-186.

[18] 王玫瑰，张先洲. 天麻蒸制工艺的优化研究[J]. 中国药师，2012，15（1）：70-72.

[19] 周碧乾，齐路明，马云桐，等. 天麻初加工方法对主要成分含量的影响及加工方法的化学模式识别[J]. 天然产物研究与开发，2018，30（05）：736-743+869.

[20] 谭沙，朱仁威，张静，等. 酶法提取天麻多糖工艺优化[J]. 食品研究与开发，2017，38（15）：50-53.

[21] 王勋，罗珊珊，蒋嘉烨，等. 酶解法提取天麻多糖的研究[J]. 中药材，2013，36（1）：

137-140.
[22] 伍贤进，李胜华，曾军英，等. 药食同源植物产业化关键技术研究——以木姜叶柯为例[M]. 北京：科学出版社，2019.
[23] 吴仲珍，李育生，刘丽丹，等. 天麻有效成分的药理功效及其提取工艺的研究进展[J]. 保鲜与加工，2014，14（3）：58-61.

# 附　录

## 附录 A　天麻种植环境选择标准操作规范

1 范围

本规范是按“国家中药材生产质量管理规范”（GAP）的要求，对天麻种植环境的气候条件、海拔、土壤理化状况、地形地势、植被等做出了相关要求。

本标准操作规范适用于雪峰山区域主要天麻产区及其他同类气候环境区域天麻种植环境的选择。

2 规范引用文件

下列文件对于本规程的应用是必不可少的。凡是注日期的引用文件，仅所注日期的版本适用于本文件。凡是不注日期的引用文件，其最新版本（包括所有的修改单）适用于本文件。

《环境空气质量标准》（GB 3095—2012），中华人民共和国环境保护部。

《农田灌溉水质标准》（GB 5084—2005），中华人民共和国农业部。

《土壤环境质量　农用地土壤污染风险管控标准（试行）》（GB 15618—2018），中华人民共和国生态环境部。

3 术语和定义

下列术语和定义适用于本文本。

3.1 环境

与天麻种植相关的周边事物，包括空气、水、土地、植物、动物、人类及其相互关系。

3.2 气候

气候是大气物理特征的长期平均状态，与天气不同，它具有稳定性。时间尺度为月、季、年、数年到数百年以上。气候以冷、暖、干、湿这些特征来衡量，通常由某一时期的平均值和离差值表征。

3.3 植被

就是覆盖地表的植物群落的总称。植被可以因为生长环境的不同而被分类，譬如高山植被、草原植被、海岛植被等。环境因素如光照、温度和雨量等会影响植物的生长和分布，因此形成了不同的植被。

3.4 空气相对湿度

水在空气中的蒸汽压与同温度同压强下水的饱和蒸汽压的比值。也就是指在一定时间内，某处空气中所含水汽量与该气温下饱和水汽量的百分比。

4 天麻种植环境选择标准

4.1 气候条件

4.1.1 种植环境空气质量要求

产地环境空气质量应符合《环境空气质量标准》(GB 3095—2012)二级标准。

4.1.2 种植环境温度要求

天麻对温度的反应比较敏感，各生长阶段对温度的要求不尽相同。

4.1.2.1 种子萌发阶段

天麻种子的萌发温度为15 ~ 28 °C,低于15 °C,种子萌发极为缓慢甚至不萌发;高于28 °C,种子萌发受到抑制。在自然温度条件下，天麻种子要在4月下旬至5月中旬才能成熟。所以，人工种植天麻时，可使用温室育种或利用当地立体气候育种，提前播种，可以延长天麻的生长期，提高白麻种麻的产量。

4.1.2.2 块茎生长阶段

天麻块茎在地温 12 °C 时开始萌动形成营养繁殖茎，20 ~ 25 °C 新生块茎生长最快。当地温持续超过 25 °C 后，蜜环菌和天麻生长将受到抑制，影响天麻产量，高于 30 °C 天麻停止生长。当气温持续低于 15 °C 时，生长速度减慢并逐渐停滞而进入休眠状态。雪峰山地区天麻通常在 3 月才开始萌动，11 月下旬生长速度减慢并逐渐停滞而进入休眠状态，而在整个夏秋季节天麻块茎生长最快。因此，在海拔较低的地带种植天麻，夏天高温，应注意防暑降温；而海拔较高的地区，冬季土层温度较低，可以用加盖塑料地膜的方法提高土层温度。

4.1.2.3 块茎越冬阶段

雪峰山地区冬季天麻主产区海拔在 1000 m 以上有 2 个多月处于 0 ~ 5 °C 的低温条件下，使天麻不仅具备了较强的耐寒能力，而且还利用低温打破天麻的休眠。但在低于-5 °C 条件下，天麻不能正常越冬，会遭到冻害。在高海拔地区，必须有较厚的积雪长期覆盖，土壤温度在-5 °C 以上，天麻才能正常越冬。因此，在雪峰山的冷凉山区，基本上都能满足天麻的休眠时间。天麻虽然能够忍耐一定限度低温，但不能忍耐突然降温。因此，冬季温度急剧下降，块茎没有经过低温锻炼，也会遭受冻害，要在土层上方加厚土层或树叶覆盖防寒。

4.1.2.4 箭麻抽薹、开花、结果阶段

箭麻在地温 12 °C 时顶芽即开始萌动，15 °C 左右时陆续出土。15 ~ 30 °C 都能正常开花结果。不同海拔地区天麻抽薹出土的时间相差很大，高海拔地区与低海拔地区可相差两月以上。在雪峰山天麻产区，大多数天麻在 4 月中旬抽薹出土，5 月开始开花，5 月底种子成熟。天麻抽薹、开花、结果阶段，要预防极端温度的出现，温度过低会延长果实成熟的时间，温度过高虽可缩短果实成熟的周期，但可能会出现花在未开前就干枯的情况。因此，人工种植天麻时，育种场地的选择应当慎重，同时还要加强管理，预防极端温度给生产造成损失。

4.1.3 种植环境水分要求

天麻灌溉用水应符合 GB 5084—2005 标准。

天麻种子萌发最适宜的土壤湿度为 50%左右，水分不足，天麻种子的发芽率降低；水分

过大，种子附着的叶片易腐烂。雪峰山天麻种子成熟的时间是 5 月底 6 月初，此时降水量不大，一般不会影响天麻种子的萌发，但在人工种植时，要注意防止积水的影响。

自然条件下，4 月初是雪峰山天麻块茎开始萌动进行营养生长的时期，此时水分充足，能够保障天麻水分的供应，能促进蜜环菌的旺盛生长和块茎的正常萌动。4 月以后，雨量充沛，可保障天麻生长所需水分。7—8 月雪峰山天麻产区常有连续大雨天气，土壤含水量较高，促进了蜜环菌的旺盛生长，而旺盛生长的蜜环菌会危害天麻，引起腐烂，生产中要求及时开挖沟排水。入秋后，10—11 月，常有长时期干旱的天气，影响块茎的生长，应注意及时浇水保温。

水分对箭麻抽薹、开花、结果也有重要影响。土壤湿度在 50%左右、空气相对湿度在 80%左右，箭麻能正常抽薹、开花、结果。在土壤中水分不足的地方，往往空气相对湿度也较低，箭麻往往不能正常抽薹、开花、结实，即使抽薹了，也会因空气湿度太小而导致花粉干枯，出现授粉不育现象。在土壤水分和空气相对湿度太大的地方，球茎、花茎腐烂，并常见蒴果发霉的现象。说明箭麻抽薹、开花、结果期，土壤水分和空气相对湿度不能太低也不能太高。

4.2 种植环境光照要求

天麻在地上生活时期，即抽薹、开花、结果等有性生长阶段，花茎有一定的趋光性，需要一定的散射光。其无性生活阶段在地下进行，不需要光照。育种圃应搭建阴棚遮阴。由于阳光的强弱会影响土温，因此，要根据当地日照特点选择坡向，或采取升温、降温措施。

4.3 种植环境海拔要求

红天麻在雪峰山地区多分布在海拔 800 ~ 1800 m 的山区。在人工栽培条件下，若能控制夏季高温和多湿的不利条件，天麻也可以在低海拔地区栽培。

乌天麻多分布在海拔 1500 ~ 2800 m 的山区，但在不同地区的分布差异较大。在栽培时，乌天麻以海拔 1800 ~ 2200 m 生长的块茎产量和天麻素积累的效果最佳。经过人工杂交的乌红天麻生长的海拔范围较广，在海拔 1000 ~ 2000 m 地区栽培较为适宜。

开展天麻引种栽培时，一定要根据当地的海拔条件，选择适宜发展的品种。在高海拔或较高海拔地区应选择引种乌天麻或乌红杂交天麻，在低海拔地区选择引种红天麻。

4.4 种植环境土壤要求

天麻生长的土壤条件应符合 GB 15618—2018 二级标准。

天麻偏好生长在质地疏松、保温、透气微酸性土壤中。黏土排水不良，雨水过多时，容易积水导致天麻死亡，同时土壤透气性不良也影响好气性真菌的生长，从而影响天麻产量。砂土排水和透气性都很好，但保水性较差，如遇干旱会因缺水而导致蜜环菌和天麻生长不良。萌发菌、蜜环菌在弱酸性基质中生长良好，碱性环境不利于萌发菌、蜜环菌的生长，萌发菌和蜜环菌生长的好坏直接影响天麻的产量和质量，因此天麻种植应选择土层深厚、富含腐殖质、疏松湿润的微酸性土壤为佳。

4.5 种植环境地形和植被要求

在自然条件下，阳坡和阴坡均有野生天麻生长。人工栽培时要根据当地的气候条件选择适宜的坡向。高山区温度低，生长季短，应选择阳坡栽培天麻；低山区夏季温度高、雨水多，应选择阴坡栽培天麻。人工栽培天麻，宜选择坡度在 5° ~ 30°的坡地种植。天麻不耐干旱和积水，在干旱地区种植天麻，应选择缓坡地挖穴种植天麻，以利于保湿；在湿润地区种植天麻，则应在坡地做畦，以利于排水。

4.6 种植环境植被要求

植被是天麻生长发育的重要环境条件。天麻的伴生植物种类较多，主要有青冈、栗树、野樱桃、杜鹃、桦树、盐肤木、水冬瓜，以及草本植物、蕨类和苔藓植物。这些植物为天麻的生长提供了荫蔽、凉爽、湿润的环境条件，一些植物的根、枯枝落叶、树皮碎屑也为萌发菌和蜜环菌的生长提供了营养源，萌发菌和蜜环菌的良好生长又为天麻的生长发育提供了营养源。

有些地区常常选择林下或林间种植天麻，如果气候条件适宜，天麻生长就很正常，但遇到长期干旱，林中的土壤水分被茂密的树木吸收，天麻会因过度缺水而生长极差。所以，在天麻栽培中，应根据当地的具体情况，选择稀疏的灌木林或生荒地种植天麻。

# 附录 B　天麻种麻培育规范

1 范围

本规范规定了天麻种子、种麻的术语和定义、繁殖和培育技术。

本标准适用于雪峰山区域主要天麻产区及其他同类气候环境区域的天麻种子、种麻培育。

2 规范性引用文件

下列文件对于本文件的应用是必不可少的。凡是注日期的引用文件，仅所注日期的版本适用于本文件。凡是不注日期的引用文件，其最新版本适用于本文件。

《环境空气质量标准》（GB 3095—2012），中华人民共和国环境保护部。

《农田灌溉水质标准》（GB 5084—2005），中华人民共和国农业部。

《土壤环境质量　农用地土壤污染风险管控标准（试行）》（GB 15618—2018），中华人民共和国生态环境部。

《保护农作物的大气污染物最高允许浓度标准》（GB 9137—1988），国家环境保护局。

《中药材生产质量管理规范》（征求意见稿），国家药品监督管理局。

3 术语和定义

3.1 箭麻

将顶端有花茎芽（俗称“鹦哥嘴”）的天麻块茎称为箭麻。箭麻主要用于加工入药。箭麻栽种后顶芽抽薹开花结籽，作有性繁殖播种的材料。

3.2 白麻、米麻

将没有明显顶芽，前端有生长点的较大的天麻块茎，称为白头麻又叫白麻。白麻开春发芽生长时会长出又白又壮的嫩芽，可用作无性繁殖的材料。块茎小于 2 cm、重量在 2 g 以下的小天麻，因形态似米粒，故称为米麻。米麻体小不能入药，可作为无性繁殖的材料。

3.3 种子

箭麻抽薹后生长穗状花序人工授粉后在蒴果中形成的极微小的种子。

3.4 种麻

天麻无性繁殖的材料，生产中指米麻或白麻。

0 代种麻是天麻开花后通过授粉得到天麻种子，利用萌发菌、蜜环菌菌材生长后得到的米麻，是最佳繁殖材料。

1 代种麻是 0 代种麻经过 12 个月的生长期后产出的白麻和米麻，品质较 0 代种麻差，以后各代以此类推，品质退化，产量递减。

3.5 有性繁殖

又叫天麻种子繁殖，将箭麻开花人工授粉后所结的种子与萌发菌拌匀，萌发菌促进种子发芽形成原球茎，原球茎接蜜环菌发育为天麻 0 代种麻的过程。

3.6 无性繁殖

又叫天麻块茎繁殖，是用天麻 0 ~ 2 代种麻再种植培育成米麻、白麻和箭麻的过程。

4 产地环境

4.1 产地环境

4.1.1 水源

水源条件符合 GB 5084—2005 的要求。

4.1.2 空气

大气质量符合 GB 3095—2012 与 GB 9137—1988 的要求。

天麻及蜜环菌宜生长在通风透气的环境。

4.1.3 土质

土壤农药残留量符合 GB 15618—2018 二级标准规定，土壤重金属含量符合 GB15618 二级标准规定。

天麻及蜜环菌适宜在较疏松的富含腐殖质的沙质土壤中生长。

4.1.4 土壤 pH 值

以 pH 5.0 ~ 6.5 的微酸性土壤为宜。

4.2 气候条件

4.2.1 温度

天麻喜凉爽环境，最适宜生长的土壤温度 10 ~ 25 °C，8 °C 开始萌动生长，30 °C 就会停止生长。

4.2.2 湿度

天麻喜湿润，土壤含水量为 45% ~ 50%，天麻生长良好。

4.2.3 光照

室外培育天麻种子，箭麻出土后，太阳光直接辐射会灼伤茎秆，需搭遮阴篷避光防风。

5 种麻繁殖

5.1 有性繁殖

5.1.1 培育环境

种子繁殖数量多的，可建造有遮阳网的塑料温棚、温室培养天麻种子；数量少的可在室内培育。

5.1.2 作畦

在棚内或温室内作畦，畦长因地制宜、宽 100 cm、深 15 cm，走道 50 cm，用腐殖质土或沙壤土做培养土。

5.1.3 箭麻选择

选择个体健壮、无病虫害、无损伤，重量 100 ~ 250 g 的箭麻做种。

5.1.4 低温处理

留种的箭麻必须经过 75 天 3 ~ 5 °C 的低温处理才能正常开花结实。

5.1.5 种植时间

经处理箭麻 3—4 月份种植。

5.1.6 种植方法

在畦内种植箭麻，株行距为 15 ~ 20 cm，品字型排列，深度 8 ~ 10 cm，顶芽朝向畦边。

5.1.7 种植管理

遮阳：箭麻抽薹后忌强光照射，在 2 m 高处覆盖遮阳率为 40% ~ 60%的黑色遮阳网。

保温保湿：箭麻种植后，棚内或温室内温度保持 20 ~ 24 °C，畦内土壤水分含量 45% ~ 50%为宜。

打顶：现蕾初期，花序展开可见顶端花蕾时，摘去 5 ~ 10 个花蕾，减少养分消耗，保证种子质量。

防倒伏：箭麻薹高在 100 cm 左右时插杆固定，防止被风吹倒。

5.1.8 人工授粉

天麻花现蕾后 3 ~ 4 天开花，花期 5 ~ 15 天。人工授粉必须在每朵花开的第二天上午 10 小时左右进行。授粉时用左手无名指和小指固定花序，拇指和食指捏住花朵，右手拿小镊子将唇瓣压平，拨开蕊柱顶端的药帽，沾取花粉块移置于雌蕊的柱头上，并轻压使花粉紧密粘在雌蕊上。

授粉后应及时悬挂标签记录花朵授粉的时间，以便掌握种子采收时间。

5.1.9 种子采收

种子适宜采收期的特征：授粉后第 17 ~ 19 天或观察果实 6 条纵棱线稍微突起发亮，但未开裂或用手捏果实有微软的感觉；果色渐转深暗。应采将要开裂朔果的种子播种，其发芽率较高，果实开裂后采收的种子发芽率很低。

天麻种子寿命较短，应随采随播。

5.2 无性繁殖

5.2.1 播前准备

5.2.1.1 菌床

选择气候凉爽、潮湿的环境，疏松肥沃、透气透水性好的土壤，有灌溉水源的地方做菌床。在播种前两个月做好菌床，床宽 100 cm、深 20 cm、长因地制宜，用腐殖质土培养。先将床底挖松，铺 3 cm 厚的腐殖质土，将菌材与新段木相间搭配平放，盖土填满空隙，再如法放第二层，最后盖土 8 cm，保温保湿。

5.2.1.2 菌种

萌发菌和蜜环菌栽培种，按每平方米用 4 ~ 5 袋（500 mL）准备。

萌发菌和蜜环菌的培养符合天麻萌发菌、蜜环菌的培养技术规程的要求。

5.2.1.3 树枝

选青冈、桦木等阔叶树的树枝，砍成长 4 ~ 5 cm、粗 1 ~ 2 cm 的树枝段，用量 10 ~ 20 kg/m。

5.2.1.4 落叶

青冈树落叶先在水中浸泡充分吸水，然后切碎备用。

5.2.1.5 播种筒

用高 10 cm、直径 5 cm 的塑料筒，用纱布盖严一端并绑扎固定备用。

5.2.2 播种

5.2.2.1 菌叶拌种

播种前先将萌发菌栽培种，按每平方米用量 4 瓶，用清洁的铁钩从菌种瓶中取出，放入清洁的拌种盆中，将菌叶（萌发菌种内的树叶）撕开成单张叶片；采收的天麻蒴果按 30 ~ 40 个/$m^2$ 播种量将种子抖入播种筒；再将种子用播种筒撒在菌叶上，同时用手翻动菌叶，将种子均匀拌在菌叶上。撒种与拌种工作应两人分工合作，免得手湿粘去种子，防止风吹失种子。

5.2.2.2 菌床播种

播种时挖开菌床，取出菌材，耙平床底，先铺一薄层湿落叶，然后将分好的拌种菌叶用 1 份撒在落叶上，按原样摆好下层菌材，菌材间留 3 ~ 4 cm 距离，盖土至菌材平，再铺上湿落叶，撒另一份拌种菌叶，放菌材后覆土 5 ~ 6 cm，床顶盖一层树叶保湿。

5.2.2.3 做畦播种

挖畦长 2 ~ 4 m、宽 100 cm、深 20 cm，将畦底土壤挖松整平，铺一层水泡透并切碎的青冈树落叶，撒拌种菌叶一份，平放一层树枝段，树枝段间放入蜜环菌三级种，盖湿润腐殖质土填满树枝段间空隙，然后用同法播第二层，盖腐殖质土 10 cm，最后盖一层枯枝落叶，保温保湿。

5.2.2.4 播后管理

可在播后一周左右，给表层覆盖的枯枝落叶喷少量水保持湿润，以后可根据干湿情况再次喷水；同时也要挖排水沟，防止积水，特别是雨季注意排水防涝；栽培场所要通风良好，防止菌材感染。

5.2.3 种麻采收

5.2.3.1 采收时间

种麻的采收时间一般在立冬后至次年清明前（即 11 月至次年 3 月）。

5.2.3.2 采收方法

采收种麻时要小心扒去地表土，翻出菌材以及填充料，然后轻轻地一层一层将种麻取出，注意不要损伤麻体。取出的种麻要进行分类，小于 30 g 的白麻和米麻做 0 代种麻用，用 0 代种麻繁殖的小白麻和米麻做 1 代种麻用，大于 30 g 的白麻和箭麻需及时加工；用 2 代种麻再繁殖的小白麻和米麻不宜再做种。

要特别注意妥善保管种麻，以免造成烂种，其具体保管方法是：先用手捏细土能成团，松手可散开为度的湿润细土撒在平地上，以 5 ~ 10 cm 厚为宜，然后将种麻单摆在上面，上面再撒 5 cm 厚的细润土，注意放种时要小心轻放。

# 附录 C　天麻种植段木制备规范

1 范围

本规范对用于种植天麻的树种、采伐时间、段木长度、用量及菌材树种抚育等做出了相关规定。

本规范适用于雪峰山区域主要天麻产区及其他同类气候环境区域天麻种植段木的制备。

2 规程引用文件

下列文件对于本规程的应用是必不可少的。

《森林抚育规程》（GB/T 15781—2015），国家林业局。

《中药材生产质量管理规范》（征求意见稿），国家药品监督管理局。

3 术语和定义

下列术语和定义适用于本文本。

3.1 长效树种

具有木质坚实耐腐、树皮粗、不易脱落的特点，主要有青冈、水青冈、麻栎、栓皮栎、峨眉栲、锥栗、茅栗等，我国有 5 属近 300 种。

3.2 速效树种

具有木质较软、树皮薄、不耐腐的特点，因而发菌快，但树段耐腐性差，主要有桤木、旱冬瓜、亮叶桦、红桦、苹果树等，我国有 6 属 210 种。

3.3 菌材

生长有蜜环菌菌丝或菌索的木材。也指用作生产天麻的树木。

4 适宜树种

天麻种植可根据目的不同而选用不同的树种，生产商品麻或是无性繁殖天麻，以选择长效树种为佳；繁殖有性天麻种以选择速效树种为佳。在菌材不丰富的地方，还可将长效菌材和速效菌材按一定比例搭配栽培天麻。

5 伐树时间

砍伐树木要符合 GB/T 15781—2015 规程。

立冬至惊蛰砍伐树木，或者在 6—10 月边砍伐边入窖培养蜜环菌。

6 段木长度

砍伐的树木要选择无病害树木，将直径 5 ~ 10 cm 树木锯断成 33 cm 的段木，直径大于 10 cm 的段木则需要再劈成 2 块，直径小于 5 cm 的细枝可斜砍成长 6 ~ 10 cm 的短枝。

7 段木用量

一般每平方米用材量为 6 ~ 8 根木，另加约 1/4 左右的短枝，重约 14 kg。

8 天麻林木抚育

天麻产业发展需要消耗大量的木材，因而时常发生乱砍滥伐现象，有破坏生态环境的趋势。随着天然林保护工程的实施，林木的禁伐，天麻菌材减少，造成天麻产业发展与林业生态建设一定的冲突。因此，加强天麻林木的抚育具有重要意义。

8.1 速生性

天麻菌材主要用直径在 6 ~ 10 cm 为宜，因此，对天麻菌材树种的选择要考虑其是否具有速生的特点，以树龄小于 10 年为宜。

8.2 易繁性

天麻菌材树种的选择要考虑其萌生能力或育苗及造林的难易程度，选择易于种子繁殖、易育苗、易成活且萌生能力强的树种。

8.3 耐腐性

根据天麻生产的特点，天麻菌材树种要具有一定的耐腐性，以保证菌材能使用 1 年以上。

8.4 广布性及多功能性

天麻菌材要选择当地有自然分布的树种，从而降低天麻生产成本，增强天麻种植抗风险的能力。一些经济林木如蚕桑树、板栗树、苹果树等修剪下的枝条或淘汰的老树也可用作菌材段木或短枝使用。

# 附录 D 天麻栽培用蜜环菌培养规范

1 范围

本规范规定了天麻栽培用蜜环菌培养技术的术语和定义、蜜环菌菌种的培养方法。

本规范适用于雪峰山区域天麻主产区及其他同类气候环境区域天麻栽培用蜜环菌固体菌种的培养。

2 规范性引用文件

下列文件对于本文件的应用是必不可少的。凡是注日期的引用文件，仅所注日期的版本适用于本文件。凡是不注日期的引用文件，其最新版本（包括所有的修改单）适用于本文件。

《生活饮用水卫生标准》（GB 5749—2006），中华人民共和国卫生部。

《包装储运图示标志》（GB/T 191—2008），全国包装标准化技术委员会。

《食品安全国家标准　食品接触用塑料材料及制品》（GB 4806.7—2016），中华人民共和国国家卫生和计划生育委员会。

《无公害食品　食用菌栽培基质安全技术要求》（NY 5099—2002），中华人民共和国农业部。

3 术语和定义

3.1 蜜环菌

蜜环菌（*Armillaria mellea*）属于伞菌目、蜜环菌属，其子实体是一种中等大小的可食用真菌。在天麻生产中，将蜜环菌接种到木材上培养形成菌材，菌材上的蜜环菌菌索伸入天麻块茎中为天麻生长提供必需的营养。

3.2 菌材

生长有蜜环菌的木棒、树枝、树叶，分别称为菌棒、菌枝和菌叶，它们统称为菌材。菌材是培养天麻所必备的材料。

3.3 母种

从菌索、子实体、着生菌丝体的天麻块茎中，经各种方法分离得到的菌丝体纯培养物及其继代培养物。母种又叫一级种，由于盛装于试管中，也称为试管种。

3.4 原种

由母种转接、扩大培养而成的菌丝体纯培养物。常以菌种瓶或聚丙烯塑料袋为容器盛装，也称二级种。

3.5 栽培种

由原种转接、扩大培养而成的菌丝体纯培养物。常以塑料袋为容器。栽培种只能用于栽培，不可再次扩大繁殖菌种。

4 蜜环菌的培养

4.1 培养条件

蜜环菌的培养必须按无菌操作要求进行，需要有接种室、接种箱或超净工作台、接种工具、菌种培养室、恒温培养箱、菌种培养架、高压蒸汽灭菌锅、紫外灭菌灯、冰箱以及化学药品、试管、天平等。

菌种和基质质量标准应符合 NY 5099—2002 的规定和要求。使用水源符合 GB 5749—2006 的要求。

4.2 菌种培养

4.2.1 蜜环菌母种培养

4.2.1.1 PDA 培养基制备

PDA 培养基配方：去皮马铃薯 200 g、葡萄糖 20 g、琼脂 20 g、蒸馏水 1000 mL，pH 自然。

配制方法：将马铃薯切片，加水文火煮沸 30 min，用四层纱布过滤，取滤液 1000 mL 并放入琼脂加热融化，最后加入葡萄糖，搅拌使其溶解。将培养基趁热分装于试管内，121 °C、30 min 灭菌。取出摆斜面，接种。

接种室消毒：接种室消毒按每立方米用 40%的甲醛溶液 8 mL，高锰酸钾 5 g 进行熏蒸 1 小时，熏蒸后应隔 1 天使用。

4.2.1.2 菌种选择

使用正规菌种厂生产的优良品种，或采集蜜环菌子实体进行组织分离或孢子分离，也可从菌索上进行菌种分离。

4.2.2 蜜环菌原种培养

培养基配方：阔叶树锯木屑 30%、麦麸 10%及小树枝段 60%，水适量。制作时，先将手指粗的树枝截成长 1.5 cm 的小段，在水中浸泡 12 小时充分吸水，然后与锯木屑、麦麸拌匀、加水湿透，装入 500 mL 广口瓶中，每瓶装入树枝段 50 ~ 60 段，以瓶容量的 4/5 为宜，再加水少量，盖瓶盖后高压灭菌（0.15 MPa）1 小时，冷却后接入母种，置于 25 °C 恒温培养，30 ~ 45 天蜜环菌丝和菌索可长满全瓶。

4.2.3 蜜环菌栽培种培养

培养料和培养方法与原种培养相同。经高压灭菌冷却后，每瓶接入原种枝条菌种 1 ~ 2 段，在 25 °C 恒温培养 30 ~ 45 天，蜜环菌菌丝和菌索可长满全瓶，可用于培养菌枝和菌材。

4.2.4 菌种保藏

4.2.4.1 母种保藏

当母菌种长满试管后，用牛皮纸包扎好，放入 0 ~ 4 °C 的冰箱中，每隔 3 个月转管培养 1 次。使用时，应从冰箱中取出先经适应常温后再转管培养。

包装储运标志符合 GB/T 191—2008 的要求。

4.2.4.2 原种和栽培种保藏

原种和栽培种可在冷凉、干燥、清洁的室内保藏，室温在 0 ~ 10 °C，保藏期 2 ~ 3 个月。

4.3 蜜环菌枝培养

4.3.1 树种选择

用作菌材的树木应是阔叶落叶树种。常用来培养菌材的树种有：桦树、野樱桃、法国梧桐、桃树、青岗栎、板栗、水冬瓜、刺槐、槲栎、橡树等，以甜、涩味、质硬耐腐的树种为宜。

4.3.2 培养时间

应根据需要，一般应在菌材培养期之前 2 个月进行。

4.3.3 培养方法

选择直径 1 ~ 2 cm 的树枝，斜砍成长 3 ~ 4 cm 的小段。其次，挖长 2 m、宽 1 m、高 30 cm 的畦（穴）；畦（穴）底先铺 1 cm 厚湿润树叶，然后摆一层树枝，再放入菌种，在菌种上再摆一层树枝，盖一薄层沙土，以覆盖填满树枝间空隙为度。可依次堆放 8 ~ 10 层，顶盖 10 cm 厚沙土，再盖一层树叶保温保湿。一般 2 个月可培养好菌种。

4.4 蜜环菌菌材培养

4.4.1 菌种准备

菌枝是培养菌材最好的菌种。选择菌枝表面附着棕红色、幼嫩、有白色生长点、无杂菌污染的做菌种。也可用培养好的优质菌材作菌种。

4.4.2 树种选择

与菌枝菌种相同。

4.4.3 培养时间

选择在秋、冬季至春初培养菌材。

4.4.4 木材准备

选直径 3 ~ 5 cm 的树木，锯成长 20 cm 的段木，若树木直径在 10 cm 以上，应将段木劈成 2 ~ 4 块，在段木的一面或两面每隔 3 ~ 4 cm 砍一个鱼鳞口，深度至木质部为度。

4.4.5 场地选择

应选择在天麻种植场地附近，减少菌材搬运；坡度应小于 20°和向阳的山地，土壤以土层深厚、疏松透气、排水良好的沙壤土为佳，有灌溉水源的地方为宜。

4.4.6 培养方法

培养方法有多种，现以畦培法为例。挖畦长 2 m、宽 1 m、高 30 cm。将畦底挖松整平，铺一层 1 cm 厚的树叶，平放一层段木，干段木应提前一天用水浸泡 24 小时，在段木之间放入菌枝 4 ~ 5 根，洒一些清水，浇湿段木和树叶，然后用沙土或腐殖土填满段木间空隙，并略高于段木为宜。再放入第二层段木，段木间放入菌枝后，如上法盖一层土。如此依次放置多层，盖土厚 10 cm 成龟背状略高于地面，最后覆盖树叶保温保湿。

4.4.7 培养管理

4.4.7.1 调节湿度

主要是保持菌材畦内填充物及段木内适宜的含水量为50%左右。应注意勤检查，根据培养畦内湿度变化进行浇水和排水。

4.4.7.2 调节温度

在 18 ~ 20 °C 温度条件下适宜蜜环菌生长。在春秋低温季节，可覆盖塑料薄膜提高畦内温度。畦上盖枯枝落叶或草可以保温保湿。

5 菌种质量

5.1 母种质量

5.1.1 直接观察

对引进的菌种，首先用肉眼观察包装是否合乎要求，棉塞有无松动，试管、玻璃瓶或塑料袋有无破损，棉塞和管瓶或袋中有无杂菌和病虫侵染，菌丝色泽是否正常，有无发生老化，受光面是否产生子实体，含水量是否标准等。

5.1.2 显微镜检查

需要仪器：显微镜、载玻片、吸管、镊子、接种针、蒸馏水等物品。

检查方法：在载玻片上放 1 滴乳酸苯酚酸棉兰染色液，然后挑取少许菌丝置于染色液中，用大头针多次、轻柔地分散菌丝，盖好盖玻片，再置显微镜下观察。菌丝呈分枝状，有横隔，锁状联合明显。

5.1.3 观测菌丝长速

将测试的菌种取一小块接入新配制的 PDA 平板上，在适宜的温、湿度条件下进行培养。如果菌丝生长迅速、整齐浓密、健壮有力，表明是优良菌种；若菌丝生长缓慢，或长速特快，稀疏无力，参差不齐，易于衰老，则表明是劣质菌种。

5.1.4 耐高温测试

将母种试管数支置于适温度下培养，一周后取出部分试管置 32 °C 培养，24 小时后再放回适宜温度下培养。经过这样偏高的处理，如果菌丝仍然健壮、旺盛生长，则表明该菌种具有耐较高温度的优良特征；反之，菌丝生长缓慢，且出现倒伏发黄、萎缩无力，则可认为是不抗高温菌种。

5.1.5 吃料能力鉴定

将菌种接入原种培养基中，置适宜的温、湿度条件下培养，一周后观察菌丝的生长情况。生长快，说明吃料能力强；反之，则表明该菌种对培养基的适应能力差。

5.2 栽培种质量

5.2.1 质量指标

无害虫杂菌，上下一体，洁白一致，袋壁有少量水珠、无积水。菌块完整、不萎缩、不散碎、有弹性、无异味。

5.2.2 验收规则

菌种取样：每 100 包随机抽样 1 包，取 3 ~ 5 袋检验。

菌材取样：每个栽培试验点，随机抽取菌材 1 ~ 2 段检验。

6 标志、包装、运输、贮藏

6.1 标志

内容：产品名称、接种日期、生产单位。

要求：每包装 1 个。

包装：菌种包装材料符合 GB/T 191—2008、GB 4806.7—2016 的要求。菌袋：15 cm×30 cm 聚乙烯透明塑料袋。

菌量：每袋重不少于 500 g。

要求：每件包装要有一定的数量，袋与袋间排放整齐紧密，封口要严。

6.2 运输

在气温较低而不受冻的条件下进行。

6.3 贮藏

菌种不能与有刺激气味的东西混放。要求低温不冻，清洁干燥暗光的库房中存放。

# 附录 E　天麻栽培用萌发菌培养规范

1 范围

本规范规定了天麻萌发菌培养技术的术语和定义、萌发菌菌种的培养方法。

本标准适用于雪峰山区域天麻主产区及其他同类气候环境区域天麻萌发菌固体菌种的生产。

2 规范性引用文件

下列文件对于本文件的应用是必不可少的。凡是注日期的引用文件，仅所注日期的版本适用于本文件。凡是不注日期的引用文件，其最新版本（包括所有的修改单）适用于本文件。

《生活饮用水卫生标准》（GB 5749—2006），中华人民共和国卫生部。

《包装储运图示标志》（GB/T 191—2008），全国包装标准化技术委员会。

《食品安全国家标准　食品接触用塑料材料及制品》（GB 4806.7—2016），中华人民共和国国家卫生和计划生育委员会。

《无公害食品　食用菌栽培基质安全技术要求》（NY 5099—2002），中华人民共和国农业部。

3 术语和定义

3.1 萌发菌

天麻（*Gastrodia elata*）种子的萌发靠小菇属（*Mycena*）一类真菌菌丝侵染种胚提供营养而萌发，这类促进天麻种子萌发的真菌称为天麻种子萌发菌。主要包括：紫萁小菇（*M. osmundicola*）、石斛小菇（*M. dendrobii*）、兰小菇（*M. orchicola*）和开唇小菇（*M. anoectochila*）。

3.2 菌叶

生长有萌发菌的树叶。菌叶是天麻种子萌发所必备的材料。

3.3 母种

从菌索、子实体、着生菌丝体的天麻块茎中，经各种方法分离得到的菌丝体纯培养物及其继代培养物。母种又叫一级种，由于盛装于试管中，也称为试管种。

3.4 原种

由母种转接、扩大培养而成的菌丝体纯培养物。常以菌种瓶或聚丙烯塑料袋为容器盛装，也称二级种。

3.5 栽培种

由原种转接、扩大培养而成的菌丝体纯培养物。常以塑料袋为容器。栽培种只能用于栽培，不可再次扩大繁殖菌种。

4 萌发菌的培养

4.1 培养条件

萌发菌的接种必须在无菌条件下进行，需要有接种室、接种箱或超净工作台、接种工具、菌种培养室、恒温培养箱、菌种培养架、高压蒸气灭菌锅、电热干燥箱、紫外灭菌灯、冰箱；化学药品、试管、天平等。

菌种和基质质量标准应符合 NY 5099—2002 的规定和要求。使用水源符合 GB 5749—2006 的要求。

4.2 菌种培养

4.2.1 萌发菌母种培养

4.2.1.1 PDA 培养基制备

PDA 培养基配方：去皮马铃薯 200 g、葡萄糖 20 g、琼脂 20 g、蒸馏水 1000 mL，pH 自然。

配制方法：将马铃薯切片，加水文火煮沸 30 min，用四层纱布过滤，取滤液 1000 mL 并放入琼脂加热融化，最后加入葡萄糖，搅拌使其溶解。将培养基趁热分装于试管内，121 °C、30 min 灭菌。取出摆斜面，接种。

接种室消毒：接种室消毒按每立方米用 40%的甲醛溶液 8 mL，高锰酸钾 5 g 进行熏蒸 1 小时，熏蒸后应隔 1 天使用。

4.2.1.2 菌种选择

使用正规菌种厂生产的优良品种；或采集天麻种子发芽后的原球茎、兰科植物中的根部、诱导培养萌发菌子实体。用以上材料分离培养菌种。

4.2.2 萌发菌原种培养

培养基配方：阔叶树的木屑 70%、麸皮或米糠 26%、蔗糖 1%、石膏粉 1%、磷酸二氢钾 1.5%、硫酸镁 0.5%，加水适量。将以上成分充分拌匀，含水量 65%，然后装瓶，在瓶中心打直径 1 cm 的圆孔，深达培养基 2/3 处。盖好瓶盖，高压蒸气灭菌（0.15 MPa）1 小时，冷却后接种。在接种室内，将一块蚕豆大小的母种，接于培养基的圆孔中，1 支母种可接原种 5 ~ 7 瓶（袋），盖好瓶盖后置 25 °C 培养室培养。

4.2.3 萌发菌栽培种培养

栽培种培养基配方：壳斗科植物落叶 70%、木屑 10%、麦麸 15%、硫酸镁 0.5%，磷酸二氢钾 1.5%、尿素 1%、蔗糖 1%、石膏 1%，水适量。经拌匀后装袋，高压蒸气灭菌（0.15 MPa）1 小时，冷却后接入原种，封好袋子，移入培养室培养。

4.2.4 菌种保藏

4.2.4.1 母菌种保藏

当母种长满试管后，用牛皮纸包扎好，放入 0 ~ 4 °C 的冰箱中，每隔 3 个月转管培养 1

次。使用时，应从冰箱中取出先经适应常温后再转管培养。

包装储运标志符合 GB/T 191—2008 的要求。

4.2.4.2 原种和栽培种保藏

原种和栽培种应根据生产季节按计划进行，不宜长期保藏。原种和栽培种短期保藏可在冷凉、干燥、清洁的室内进行，室温在 0 ~ 10 °C，保藏期 2 ~ 3 个月。

5 菌种质量

5.1 母种质量

5.1.1 直接观察

对引进的菌种，首先用肉眼观察包装是否合乎要求，棉塞有无松动，试管、玻璃瓶或塑料袋有无破损，棉塞和管瓶或袋中有无杂菌和病虫侵染，菌丝色泽是否正常，有无发生老化，受光面是否产生子实体，含水量是否标准等。

5.1.2 显微镜检查

仪器：显微镜、载玻片、吸管、镊子、接种针、蒸馏水等物品。

检查方法：在载玻片上放 1 滴乳酸苯酚棉兰染色液，然后用尖嘴镊子挑取少许菌丝置染色液中，用大头针多次、轻柔地分散菌丝，盖好盖玻片，再置显微镜下观察。菌丝呈分枝状，有横隔，锁状联合明显。

5.1.3 观测菌丝长速

将测试的菌种取一小块接入新配制的 PDA 平板上，在 25 °C 下恒温培养箱中培养。如果菌丝生长迅速、整齐浓密、健壮有力，表明是优良菌种；若菌丝生长缓慢，或长速特快，稀疏无力，参差不齐，易于衰老，则表明是劣质菌种。

5.1.4 耐高温测试

将母种试管数支置于适温度下培养，一周后取出部分试管置 32 °C 培养，24 小时后再放回适宜温度下培养。经过这样偏高的处理，如果菌丝仍然健壮、旺盛生长，则表明该菌种具有耐较高温度的优良特征；反之，菌丝生长缓慢，且出现倒伏发黄、萎缩无力，则可认为是不抗高温菌种。

5.1.5 吃料能力鉴定

将菌种接入原种培养基中，在 25 °C 下恒温培养箱中培养，一周后观察菌丝的生长情况。生长快，则说明吃料能力强；反之，则表明该菌种对培养基的适应能力差。

5.2 栽培种质量

5.2.1 质量指标

无害虫杂菌，上下一体，洁白一致，袋壁有少量水珠、无积水。菌块完整、不萎缩、不散碎、有弹性、无异味。

5.2.2 验收规则

菌种取样：每 100 包随机抽样 1 包，取 3 ~ 5 袋检验。

菌材取样：每个栽培试验点，随机抽取菌材 1 ~ 2 段检验。

6 标志、包装、运输、贮藏

6.1 标志

内容：产品名称、接种日期、生产单位。

要求：每包装 1 个。

包装：包装材料符合 GB/T 191—2008、GB 4806.7—2016 的要求。

菌袋：15 cm×30 cm 聚乙烯透明塑料袋。

菌量：每袋重不少于 500 g。

要求：每件包装有一定数量，袋与袋间排放整齐，封口要严。

6.2 运输

在气温较低而不受冻的条件下进行。

6.3 贮藏

菌种不能与有刺激气味的东西混放。要求在低温不冻、清洁干燥暗光的库房中存放。

# 附录 F　天麻种植标准操作规程

1 范围

本规程是按“国家中药材生产质量管理规范”（GAP）的要求，对天麻生产的术语和定义、品种鉴定和分布、栽培技术、田间管理、病虫害综合防治等做出了相关规定。

本标准操作规程适用于雪峰山区域主要天麻产区及其他同类气候环境区域天麻种植的操作。

2 规程引用文件

下列文件对于本规程的应用是必不可少的。凡是注日期的引用文件，仅所注日期的版本适用于本文件。凡是不注日期的引用文件，其最新版本（包括所有的修改单）适用于本文件。

《农药安全使用规范总则》（NY/T 1276—2007），中华人民共和国农业部。

《环境空气质量标准》（GB 3095—2012），中华人民共和国环境保护部。

《农田灌溉水质标准》（GB 5084—2005），中华人民共和国农业部。

《生活饮用水卫生标准》（GB 5749—2006），中华人民共和国卫生部。

《土壤环境质量　农用地土壤污染风险管控标准（试行）》（GB 15618—2018），中华人民共和国生态环境部。

《农产品安全质量》（GB 18406—2001）（四部分），中华人民共和国国家质量监督检验检疫总局。

《包装储运图示标志》（GB/T 191—2008），全国包装标准化技术委员会。

《中药材生产质量管理规范》（征求意见稿），国家药品监督管理局。

《中华人民共和国药典》（2015 年版），国家食品药品监督管理总局。

《药用植物及制剂进出口绿色行业标准》（WM 2—2001），中华人民共和国对外贸易经济合作部。

3 术语和定义

下列术语和定义适用于本文本。

3.1 天麻

天麻（*Gastrodia elata*）为兰科天麻属植物，其药材也称天麻，是其干燥块茎。

3.2 种麻

种麻为发育完好、无病虫害、无损伤、新鲜健壮的0代或1～2代米麻和白麻。

3.3 蜜环菌

蜜环菌（*Armillaria mellea*）属于伞菌目、蜜环菌属，其子实体是一种中等大小的可食用真菌。在天麻生产中，将蜜环菌接种到木材上培养形成菌材，菌材上的蜜环菌菌索伸入天麻块茎中为天麻生长提供必需的营养。

3.4 萌发菌

萌发菌是能促进天麻种子萌发的真菌，为小菇属（*Mycena*）的紫萁小菇（*M. osmundicola*）、石斛小菇（*M. dendrobii*）、兰小菇（*M. orchicola*）等。

4 天麻种植环境条件

4.1 气候

天麻适合生长在潮湿冷凉的环境条件下。雪峰山地区属亚热带季风气候区，海拔1000 m的山地全年多雨多雾，年平均气温12.7 °C，年最高气温27.3 °C，年最低气温-10.1 °C。雾罩期252天，年平均降雨量1810 mm，平均冰冻期55天，相对湿度87%以上，年积雪日数19天，这些气候条件能够满足天麻生长的要求。

当温度在15～25 °C时，蜜环菌和天麻块茎生长最快。当土壤温度低于12 °C或高于25 °C时，蜜环菌生长受到抑制，天麻生长缓慢。当土壤温度降到10 °C以下停止生长，进入休眠期。

当空气相对湿度在70%～90%，土壤含水量保持在40%～45%及年均降水量1000～1600 mm时适宜天麻生长。

4.2 土壤

以透气性好、土质疏松肥沃、排水良好、pH值在5.3～6.5的砂质壤土或腐殖质土为佳。

土壤环境质量、土壤农药残留量、重金属含量符合GB 15618—2018二级标准要求。

4.3 水质

选择水质清洁、无污染的地区，水质符合GB 5084—2005要求。

4.4 空气

空气环境质量符合GB 3095—2012二级标准要求。

4.5 植被

天麻多生长在海拔高、坡度缓的山区杂木林区域或针阔叶混交林区域，主要为阔叶林和针阔混交林，森林覆盖度在70%左右。

4.6 基地选择

选择远离交通主干道或周围设有防护林带，坡度在25°以下的坡地、缓坡地上种植天麻。

选择无特定病原体、夏季气候凉爽，而冬季又有明显冷冻期的区域栽培天麻。

种植基地要求符合《中药材生产质量管理规范（GAP）》和GB 18406—2001的要求。应选择相对集中连片，基地四周5 km以内无“三废”污染源存在，

5 栽培技术

5.1 栽培时间

冬栽：一般在天麻的采收季节，边收边种。

春栽：若冬季温度太低，种麻不利于在野外越冬，也可将种麻贮存于室内，于第二年1—3月气温升到10 °C以上时再种植。

5.2 种麻选择

发育完好、无病虫害、无损伤、新鲜健壮的 0 代种麻或 1～2 代个体重 10～30 g 白麻最佳。

5.3 用种量

在菌材上，根据种麻的大小和菌材的粗细，间隔 10～15 cm 摆放一个种麻，在菌材两端断面再各摆放 1 个种麻。每根长 40 cm 左右菌材放置 4～5 个种麻。

5.4 蜜环菌

5.4.1 菌种

菌种培养应符合天麻蜜环菌的培养技术规程的要求。

5.4.2 菌材

槲栎、栓皮栎、青冈、板栗、野樱桃、榆树等均可作为培养菌材的材料。

菌材培养应符合天麻蜜环菌的培养技术规程要求。

5.5 种植方法

5.5.1 菌棒伴栽法

在选定栽培天麻的地方做畦，畦高 20～30 cm、宽 80～120 cm，两畦间留 50 cm 宽为操作过道。畦底铺 3～5 cm 厚的沙土，然后铺上一层 1～2 cm 预先准备好的树叶，在树叶上横放一层直径 8 cm 以下长度 30～40 cm 长的菌材（大于 8 cm 的菌材要劈开成两块），铺放新材的间距为 3～5 cm，再在两菌材之间的空隙上均匀铺放一层粗 2～3 cm、长 4～5 cm 的短枝条，在短枝条上再铺放蜜环菌三级菌种，每平方米用 3～4 袋。用沙土地将短枝条的盖平，在菌材的间隙中间和两端放置种麻，种麻脐部紧贴蜜环菌。最后覆土 10～15 cm，顶部覆盖一层茅草或树叶保温保湿。

5.5.2 菌棒加新材栽培法

与菌材伴栽法相同，只是栽培时每隔一根菌棒加一根新材，麻种应靠近菌棒摆放。

5.5.3 菌床栽培法

一般在每年 5—8 月培养菌床，栽种天麻时，揭开菌床上的覆盖物，取出上层菌材，下层不移动。在下层菌床之间挖一个小洞，放入种麻，种麻间距为 15 cm 左右，填上 3～5 cm 的土层。再把先取出的菌材放回原来的位置，放入种麻，覆盖 10～15 cm 土层和茅草。

6 栽后管理

6.1 防冻

在高山寒冷地区，如果遇到连续低温天气，土壤温度低于-5 °C，或遇到寒潮等气温骤降天气，要及时采取防冻措施。在雪峰山地区要选择阳坡及避风位置栽培天麻，用茅草或树叶覆盖畦面（或穴面）。

6.2 降温

夏季温度≥30 °C 时，应采用搭建遮阴篷，加厚盖土层、加盖树叶和茅草降低土壤温度，使土壤温度低于 25 °C。

6.3 防旱

当土壤湿度低于 40%时，应及时淋水并盖草保湿。

6.4 防涝

对于因地形原因不利排水时，或者当雨季来临，降水量多且持续时间长时，应注意挖好排水沟，做好排水防涝的准备工作。

6.5 覆盖

天麻栽种完毕，在畦上面用树叶和茅草覆盖，保温保湿，防冻和抑制杂草生长，防止土壤板结，保持土壤透气。

6.6 看护

专人看管，做好护林、防火、防盗、防践踏。

7 病虫防治

7.1 防治原则

符合无公害农产品安全质量 GB 18406—2001 和农药安全使用规范总则 NY/T 1276—2007 的要求。

遵循“预防为主，综合防治”的植保方针，坚持可持续发展的战略。

禁止使用高毒、高残留、“三致”毒性的农药种类。

正确诊断天麻病虫害种类并规范防治，加强预测预报，抓住防治最适期，严格按防治指标进行用药，用药时严格掌握该农药的施药量、使用次数和施药方法。

7.2 病害防治

7.2.1 常见霉菌（杂菌）

病原菌有木霉（*Trichodenna*）、根霉（*Rhizopus*）、青霉（*Penicillium*）、曲霉（*Aspergillus*）、绿霉（*Trichodernzaviride*）、毛霉（*Mucor*）等。危害时在菌材或天麻表面呈片状或点状分布，部分发黏并有霉菌味，菌丝白色或其他颜色。

防治方法：选用新鲜木材培养菌材，尽可能缩短培养时间。天麻种麻的培土要填实，不留空隙，保持适宜温度、湿度，可减少霉菌发生。小畦种植，有利蜜环菌和天麻生长，如感染霉菌损失较小。

7.2.2 块茎腐烂病

病原有黑腐病、褐腐病，主要为害天麻块茎。染病块茎皮部萎黄、中心腐烂、有异臭。有的块茎内充满了黄白色或棕红色的蜜环菌索。染病块茎有的呈现紫褐色，有的手捏之后渗出白色浆状浓液。天麻窖内湿度过高或过低、透气不良有利于病害发生。

防治方法：选地势较高，不积水，土壤疏松，透气性好的地方种植天麻；加强窖场管理，做好防旱、防涝，保持窖内湿度稳定，提供蜜环菌生长的最佳条件，以抑制杂菌生长；选择完整、无破伤、色鲜的初生块茎做种源，采挖和运输时不要碰伤和日晒；用干净、无杂菌的腐殖质土、树叶等做培养料，并填满、填实、不留空隙。

7.3 虫害防治

7.3.1 蛴螬

危害天麻的蛴螬主要是铜绿丽金龟（*Anomala corpulenta*），在地下将天麻咬食成空洞，并在菌材上蛀洞越冬，毁坏菌材。

防治方法：设置黑光灯诱杀成虫。栽种天麻和天麻收获时，捕杀幼虫。

7.3.2 蚧壳虫

粉蚧（*Pseztclococcus sp.*）寄生于各种木本和草本植物的地上和地下部分，可由有粉蚧植物的根或树做的菌材在土中传染给天麻。群集天麻块茎及菌材上，使天麻块茎生长停滞。

防治方法：天麻生长在土中防治不便，可在天麻收获时进行捕杀，将严重危害的菌材烧毁。

# 附录 G　天麻栽培种麻标准

1 范围

本标准规定了天麻种子、种麻的术语和定义，以及采收、贮藏和运输技术。

本标准适用于武陵山区域主要天麻产区及其他同类气候环境区域内的天麻种子和种麻。

2 规范性引用文件

下列文件对于本文件的应用是必不可少的。凡是注日期的引用文件，仅所注日期的版本适用于本文件。凡是不注日期的引用文件，其最新版本适用于本文件。

《农产品安全质量》(GB 18406—2001)(四部分)，中华人民共和国国家质量监督检验检疫总局。

《包装储运图示标志》(GB/T 191—2008)，全国包装标准化技术委员会。

3 术语和定义

3.1 种子

箭麻抽薹后生长穗状花序经人工授粉后在蒴果中形成的极微小的种子。

3.2 种麻

天麻无性繁殖的材料，生产中指米麻或白麻。

0 代种麻是天麻种子利用萌发菌、蜜环菌菌材生长后得到的米麻和白麻，是最佳繁殖材料。

1 代种麻是 0 代种麻经过 12 个月的生长期后产出的白麻和米麻，品质较 0 代种麻差，以后各代以此类推，品质退化，产量递减。

3.3 箭麻

将顶端有花茎芽（俗称“鹦哥嘴”）的天麻块茎称为箭麻。箭麻主要用于加工入药。箭麻栽种后顶芽抽薹开花结籽，作有性繁殖播种的材料。

3.4 有性繁殖

又叫天麻种子繁殖，将箭麻开花后经人工授粉后所结的种子与萌发菌拌匀，萌发菌促进种子发芽形成原球茎，原球茎接蜜环菌发育为天麻 0 代种麻的过程。

3.5 无性繁殖

又叫天麻块茎繁殖，是用天麻 0 ~ 2 代种麻再种植培育成米麻、白麻和箭麻的过程。

4 种麻的采收与分级

4.1 种麻的采收

种麻的采收应选择晴天收获。采收种麻时撤去种植地周围的保护设施，用锄和铲去掉坑（畦）表面的覆土，戴上手套用手慢慢往下刨，露出天麻时用手指细扒，理出天麻着生处，捡出白麻和米麻，再翻出菌材以及填充料，然后轻轻地将所有天麻一层一层取出，注意不要损伤麻体。

4.2 种麻的分级

根据种麻的性质和大小进行分级。首先将 0 代和 1、2 代种麻严格分开，分别贮藏。0 代种麻个体比较整齐，单独贮藏。1、2 代种麻按大小分 3 级贮藏。小白麻 5 ~ 10 g，中白麻 10 ~

20 g，大白麻 20 ~ 30 g，30 g 以上可以作为成品加工销售。

5 种麻的运输

5.1 种麻的检查

需要远距离运输的种麻，应在采收后运回室内于散射光下晾 36 小时，用毛刷刷掉黏附在麻体上的泥土，仔细检查，去掉受机械、病虫害损伤腐烂的个体。

5.2 包装

5.2.1 包装箱

包装箱应符合 GB/T 191—2008 标准要求。

包装箱最好选用有孔泡沫箱或塑料周转箱，若没有条件也可以选用竹筐和木箱包装。若选用木箱，应在木箱底板和侧板上打一些通气孔。装种麻前应清除底部和内壁的凸出物或毛刺，以防扎伤种麻。

5.2.2 装箱

装箱时，先于底部垫一层木屑，一个一个地摆一层种麻，在种麻上再覆盖一层 3 cm 厚的木屑后再摆一层种麻，就这样一层木屑一层种麻，近满时以木屑填实后封盖，松紧要适度，以防种麻互相摩擦或碰撞而受到损伤。作为填充料使用的木屑，含水量应控制在 30%以内，也可用松软、湿润的其他材料如青苔（苔藓）等做填充料。摆放种麻时，应将个体较大的种麻放在下层，个体较小的种麻放在上层，防止下层种麻压伤。如果从气温较高的地方运到气温较低的地方，在装筐或装箱时，应于筐或箱的内壁加放泡沫板或几层纸，以防冻伤种麻。如果运输途中温度较高，填充料的湿度应控制在 25%以下，以防高温高湿引起种麻腐烂。

装有种麻的筐或箱，要放在凉爽通风的地方，避免在闷热或太阳暴晒之处久放。

5.3 运输

运输过程应符合 GB/T 191—2008 标准要求。

搬动时要轻拿轻放，上面不堆放重物，运输过程尽量避免较大的振动，以防损伤麻种。要尽量缩短运输时间，一般应控制在 3 ~ 4 天内，到达目的地之后，应及时打开包装，尽快栽培，或进行贮藏。

6 种麻的贮藏

6.1 种麻的挑选

种麻贮存前应仔细挑选去除营养繁殖茎，晾 1 ~ 2 天再入池或坑。

6.2 贮藏的方式

种麻可以在室内砌池或在避风处挖坑保管。池或坑的大小取决于贮存场所的位置和种麻的多少，深度以 45 ~ 50 cm 为宜。

6.3 填充料

取沙子和锯木屑按 1∶1 混合后作为填充料，湿度控制在 20% ~ 24%。

6.4 贮藏方法

池或坑准备好后，底层放一层 5 cm 左右的填充料，耙平，在填充料上面一个一个地摆上一层种麻，种麻之间不要接触，然后再加一层 3 cm 左右厚度的填充料，再摆第二层种麻，依次加填充料后摆种麻，共摆 4 ~ 5 层种麻，最上层以 6 ~ 8 cm 厚的填充料覆盖。

6.5 贮藏期的管理

在贮存过程中，保持填充料水分含量在 20% ~ 24%，温度控制在 1 ~ 5 °C。如果温度低于

-5 °C，可在沙子上面覆盖一层树叶或木屑以防冻，但也要防止温度过高造成麻种提前萌动。

# 附录 H　天麻采收标准操作规程

1 范围

本规程是按“国家中药材生产质量管理规范”（GAP）的要求，对天麻采收的术语和定义、采收的时间、采收的方法、天麻运输、新鲜天麻的贮藏等做出了相关规定。

本标准操作规程适用于雪峰山区域主要天麻产区及其他同类气候环境区域天麻采收的操作。

2 规程引用文件

下列文件对于本规程的应用是必不可少的。凡是注日期的引用文件，仅所注日期的版本适用于本文件。凡是不注日期的引用文件，其最新版本（包括所有的修改单）适用于本文件。

《中药材商品规格等级天麻》（T/CACM 1021.9—2018），中华中医药学会。

《农产品安全质量》（GB 18406—2001）（四部分），中华人民共和国国家质量监督检验检疫总局。

《中药材包装技术规范》（SB/T 11182—2017），中华人民共和国商务部。

《包装储运图示标志》（GB/T 191—2008），全国包装标准化技术委员会。

《中药材生产质量管理规范》（征求意见稿），国家药品监督管理局。

《中华人民共和国药典》（2015 年版），国家食品药品监督管理总局。

3 术语和定义

下列术语和定义适用于本文本。

3.1 采收

天麻生长发育到一定阶段，其块茎已符合药用要求，产量与活性成分的积累动态已达到最佳程度时，采取一定的技术措施，从田间将其收集运回的过程。

3.2 分级

天麻个体大小不一，在加工前需要进行分拣分级。按 T/CACM 1021.9—2018 的标准，可将干燥入药的天麻块茎分为四级。

4 采收时间

天麻的采收按《中药材生产质量管理规范》（征求意见稿）要求进行。

采收时间应根据当地的自然环境条件、栽培时间和方法来确定，应遵循的原则是在天麻停止生长或经过休眠恢复生长之间收获。一般在立冬后至翌年清明前（即 11 月至次年 3 月）。

5 采收方法

5.1 采收的器具

天麻采收器具应符合 GB 1840—2001 标准。

天麻采收的器具包括：手套、镐、铲、锄、筐、包装纸袋、包装箱等。

5.2 采收方法

5.2.1 采收方式

天麻采收主要靠人工采挖。

5.2.2 采收天气选择

一般应选择在晴天进行，操作方便，清洁干净，品质好，耐贮存。

5.2.3 采收方法

采挖天麻时，应戴手套，先用锄头除去表层枯枝及腐烂的树叶，再用锨铲小心扒去覆土，当接近天麻生长层时，要慢慢扒开覆土层。接近菌材时应小心操作，避免损伤箭麻的顶芽。可用镐撬起菌材并拣出天麻，应检查坑壁或靠土坡上方的土壤中是否生长有天麻，防止漏收。

6 采收分级

天麻块茎要按箭麻、白麻和米麻以及大小进行初步分级，入药的天麻块茎要达到《中华人民共和国药典》（2015 年版）要求，分级按 T/CACM 1021.9—2018 分为四级，便于加工或留种。碰伤的天麻极易感染杂菌，不宜留种，只能用于加工。

7 天麻运输

天麻包装按 SB/T 11182—2017 规范和 GB/T 191—2008 要求执行。

采挖的新鲜天麻，选择麻形端正、麻面干净、无病虫害、无机械损伤的进行包纸套网，然后装箱。每个天麻用 1 ~ 2 张纸袋包装，防止天麻水分过分蒸发出现萎蔫，也能使天麻保持稳定的温度，减少和避免病虫及烂麻相互感染。装箱时先放一层底板，再排放天麻，保证天麻在箱内排列整齐，不挤压、能通气。最后用封口纸将箱封口。天麻包装后，应尽快送到目的地。

8 新鲜天麻的贮藏

8.1 种麻的贮藏

种麻的贮藏分为箱贮和槽贮两种。箱贮是在箱底放一层用河沙和锯木屑按 2∶1 混合的填充料，湿度保持在 40%左右，在培养料上平摆麻种，以互不接触为度，再覆盖厚度 2 ~ 3 cm 填充料，再按上述方法放置数层，最上层的种麻距箱顶 8 ~ 10 cm，覆盖填充料至箱口平齐。把装好种麻的箱子放入贮藏室内，温度控制在 3 ~ 5 °C，以利于麻种的休眠。槽贮与箱贮的方法类似。在室内挖一条深 1 m、宽 0.5 m 的沟槽，按箱贮的方法摆放天麻，并将槽内的温度控制在 0 ~ 5 °C 内。

8.2 箭麻的贮藏

采收的箭麻应及时加工，若不能及时加工，可进行暂时贮藏，但贮藏的时间不能超过 30 天，否则天麻会出现烂心和酸败。具体方法是：新鲜箭麻保存其表面泥土，装箱放入干燥房间内，箱内应透气，箱顶放覆盖物，避免阳光直射，温度控制在 3 ~ 5 °C。

# 附录 I 天麻无硫加工技术规范

1 目的

建立天麻无硫加工技术规范；保证天麻质量符合出口等要求；用于无硫天麻质量判定。

2 背景

FAO/WHO 联合食品添加剂专家委员会（JECFA）对二氧化硫类物质作为食品添加剂的危险性评估为：以二氧化硫计，每日允许摄入量（ADI）为 0～0.7 mg/ kg 体重，即一个 60 kg 体重的成人，每天二氧化硫的摄入量不超过 42 mg。FAO/WHO 制定的“食品添加剂通用标准”（第 33 届 CAC 大会 2010 年更新）第 12.2.1 项规定，草药及香料中亚硫酸盐残留量“以二氧化硫计不得超过 150 mg/kg”，该标准第 04.2.2.2 项中规定，蘑菇、豆类、海藻类等干菜以及种子类产品中亚硫酸盐残留量“以二氧化硫计不得超过 500 mg/kg”。

参照上述国际组织及国内食品添加剂限量规定，根据中国食品药品检定研究院等单位的长期研究及监测数据，制订了中药材包括天麻二氧化硫残留限量标准。据此对二氧化硫残留限量标准实行分级管理，第一类品种中药材及其天麻二氧化硫残留限量不大于 $4\times10^{-4}$，第二类品种二氧化硫残留限量不大于 $1.5\times10^{-4}$，以确保安全性。《中国药典》（2015 年版）按照“科学制定，从严控制”的原则，根据标准收载历史情况和相关文献资料，初步遴选出传统习用硫黄熏蒸的中药材品种，结合天麻生产实测数据，进一步遴选出天麻、牛膝、粉葛等 11 种传统习用硫黄熏蒸的中药材及其天麻，二氧化硫残留量不得超过 400 mg/kg；其他中药材及其天麻的二氧化硫残留量不得超过 150 mg/kg。上述限量标准均在世界卫生组织（WHO）认可的安全标准范围内。

但是天麻等中药材被硫黄熏蒸后会降低其有效性或所含成分发生改变的品种，以及属于传统进口药材或地方习用药材的品种均从严制订二氧化硫残留限量标准。本着追求产品质量和提升产业竞争力促进地方产业进一步发展的态度，特制定此规范。

3 无硫加工

本品为兰科植物天麻（*Gastrodia elata* Bl.）的干燥块茎。天麻的采后加工分为采挖、清理、分级、蒸制、整形、烘干和包装等步骤（图 I1）。不同地区、不同等级的天麻，可能有特殊要求。

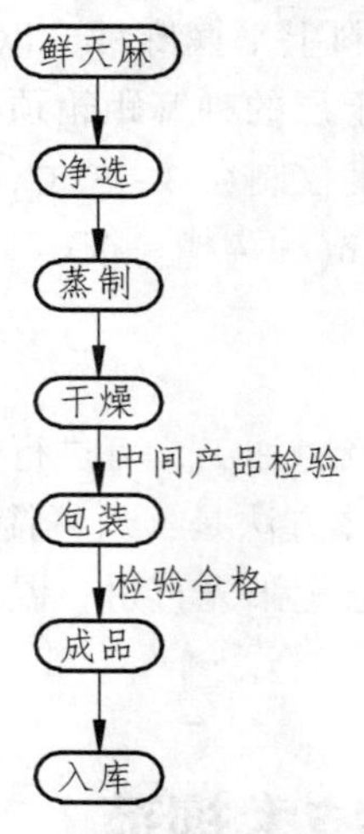


图 I1　无硫天麻加工工艺流程图

3.1 采挖、清理和分级

天麻一般在冬春季采挖出土，先洗去泥沙，换水反复搓去块茎鳞片、粗皮和黑迹等，用清水漂洗干净，保持完整的形态。然后及时加工，一般以 5 天之内加工为宜，以免烂麻造成损失。天麻加工有如下工序：

（1）洗净泥土。注意天麻不可长时间浸泡，当天洗净的天麻一定要在当天蒸煮完毕。否则，加工成品外观发黑。分级天麻大小差异较大，不仅大小差异大，而且采挖破损率高。天麻大小不同，蒸制与干燥所需的时间有很大差异，破损的天麻蒸制与干燥所需的时间与完好无损的天麻相比差异更大。因此，分级是天麻正式加工前的重要工序之一。

（2）分档。天麻大小及完好程度直接影响蒸煮时间和干燥速率，按鲜麻大小及完好程度大致分档，便于加工。鲜麻重 150 g 以上为一档，75 ~ 150 g 为二档，75 g 以下麻体完整者为三档，25 ~ 75 g 的为四档，25 g 以下的不宜加工，应继续留做种用。挖破、病虫危害的鲜麻一律作为等外品处理。

将生鲜原料天麻置于净选台上人工挑选，去除非药用部位以及杂质等。一次倾置量不能太多。净制好的天麻，按照大小尺寸分等装入洁净容器内，待用。

### 3.2 蒸制

将净选好的天麻，用水适当淋湿，置于周转框内，蒸制至通透，内外软硬一致。在蒸柜中蒸 5 ~ 30 min。时间：一档麻 15 ~ 30 min，二档麻 10 ~ 15 min，三档及等外麻 5 ~ 10 min。程度：断面留有 5 ~ 8 mm 的白心，占断面 1/6 ~ 1/5。判断：拿天麻在暗处往亮处看，看见透明的天麻中间还留有笔杆粗细一条暗影即可出锅；也可用手用力捏压天麻，若发出“喳喳”的响声，则说明煮沸时间合适。大量加工可掰开天麻检查，只要白心占直径 1/5 以下即可。天麻煮沸时先在水中加入少量明矾，比例以 5 kg 天麻加明矾 0.1 kg。加工后的天麻外观半透明，质量好，对内质没有影响。相较煮制法，蒸制法天麻药效损失较少，建议优先选择。

### 3.3 烘干

将切制好的片按从上往下的顺序，置于烘箱托盘上，药材装盘要铺平，控制装盘厚度为 5 ~ 8 cm。装盘完毕，把托架推入烘箱中。75 °C 热风干燥，每间隔 1 小时，应打开排湿阀排湿 5 ~ 10 min。干燥途中每隔 2 小时翻药一次。干燥结束，先关加热装置，开门降温 35 °C 左右，再关风机，移出推车，至晾干区晾凉。待药材温度降至室温后装入容器内。称量，备检。

#### 3.3.1 传统简易烘干

采用各式自制火炕烘干。开始烘烤温度 50 ~ 60 °C（切忌过高，否则糖心；也不宜低于 45 °C，否则生霉），使天麻体内水分迅速蒸发，到七八成干时，取出压偏，发现气泡用竹针穿刺放气。天麻快干时，火力降至 50 °C，不宜急火，以免炕焦。若遇晴天，可以采用白天晒，夜晚炕，一次性烘干。此方法加工的天麻，黄白色，半透明，称为“明麻”。

#### 3.3.2 现代机械烘干

采用烘干机或烘房烘干。参考参数为 75 °C，1 m/s 风速。机械烘干批量大，质量稳定，加工出的天麻质量上乘。

### 3.4 商品分级

将干燥好的天麻，去皮屑、焦屑及灰屑。装入洁净容器内，备验。商品干天麻分为四个等级：

一等：平均单体重 38 g 以上，每千克 26 个以内，呈扁平长椭圆形，表面黄白色，体质坚实，半透明，无空心、枯炕、虫蛀、霉变。

二等：平均单体重 22 g 以上，每千克 46 个以内，可稍弯曲，其他要求同一等。

三等：单体平均重 11 g 以上，每千克 90 个以内。可扁缩弯曲，表面黄白色或棕黄色。其他同一等。

四等：单体平均重 8 g 左右，每千克约 120 个，包括空心、碎块、色次的天麻，无霉变、灰末。

3.5 工艺要点

3.5.1 蒸制

目前农户加工天麻，有蒸有煮。由于采用蒸制方法加工的天麻，药用成分损耗较少，因而天麻规范化加工，最好采用蒸制。天麻内外熟度一致。蒸制适宜的天麻，拿起在暗处迎光查看，可见透明的天麻中间略带暗影；掰开天麻检查，可见中间略有白心（占麻体直径 1/5 左右）。若蒸制过度，会使天麻折干率降低。

3.5.2 整形

天麻整形后，一是外形整齐、美观，商品价值提高；二是通过整形，将麻体压扁后，便于干燥。天麻蒸制后，先在烘干机或烘房内烘至半干。烘干初期，温度保持在 50 ~ 60 °C，并保持适当通风。以后每小时提高 0.5 °C，逐步提高至 65 °C。烘干初期若温度过高，天麻容易出现糠心；温度过低，通风不好时天麻容易变质。若天气晴好，也可日晒夜烘，降低烘干成本。天麻整形，一般在烘或晒至七八成干，麻体尚柔软时进行。此时将天麻取出，将麻体尽量理直，然后用木板用力压扁，使外形更加美观。若麻体表面有气泡，可用竹签将其刺破，然后继续烘干。

3.5.3 烘干

天麻经过整形后，再次进烘干机或烘房内，保持温度在 60 ~ 65 °C，后逐步降至 50 °C，将天麻彻底烘干。天麻即将干燥时，若温度过高，容易将天麻炕焦。

3.5.4 包装

天麻烘干后，筛去碎屑、焦屑，挑去败片、异形片。再次按照外观大小、麻体重量、颜色、破损程度等分级，以麻体呈扁平长椭圆形，个大体重，体表黄白色，体质坚实，半透明，无破损、空心、虫蛀、焦枯、杂色、霉变者为上品。置避光、通风、凉爽、无鼠害处妥善保存。梅雨季节还应经常检查，发现问题，及时取出晾晒，或做其他相应处理。

3.6 产品性状

本品呈椭圆形或长条形，略扁，皱缩而稍弯曲，长 3 ~ 15 cm、宽 1.5 ~ 6 cm、厚 0.5 ~ 2 cm。表面黄白色至黄棕色，有纵皱纹及由潜伏芽排列而成的横环纹多轮，有时可见棕褐色菌索。顶端有红棕色至深棕色鹦嘴状的芽或残留茎基；另端有圆脐形疤痕。质坚硬，不易折断，断面较平坦，黄白色至淡棕色，角质样。气微，味甘。

3.7 鉴别

本品横切面：表皮有残留，下皮由 2 ~ 3 列切向延长的栓化细胞组成。皮层为 10 数列多角形细胞，有的含草酸钙针晶束。较老块茎皮层与下皮相接处有 2 ~ 3 列椭圆形厚壁细胞，木化，纹孔明显。中柱占绝大部分，有小型周韧维管束散在；薄壁细胞亦含草酸钙针晶束。

粉末黄白色至黄棕色。厚壁细胞椭圆形或类多角形，直径 70 ~ 180 μm，壁厚 3 ~ 8 μm，木化，纹孔明显。草酸钙针晶成束或散在，长 25 ~ 75（93）μm。用醋酸甘油水装片观察含糊化多糖类物的薄壁细胞无色，有的细胞可见长卵形、长椭圆形或类圆形颗粒，遇碘液显棕色或淡棕紫色。螺纹导管、网纹导管及环纹导管直径 8 ~ 30 μm。

取本品粉末 0.5 g，加 70%甲醇 5 mL，超声处理 30 min，滤过，取滤液作为供试品溶液。另取天麻对照药材 0.5 g，同法制成对照药材溶液。再取天麻素对照品，加甲醇制成每 1 mL

含 1 mg 的溶液，作为对照品溶液。照薄层色谱法（通则 0502）试验，吸取供试品溶液 10 μL、对照药材溶液及对照品溶液各 5 μL，分别点于同一硅胶 G 薄层板上，以乙酸乙酯-甲醇-水（9∶1∶0.2）为展开剂，展开，取出，晾干，喷以 10%磷钼酸乙醇溶液，在 105 °C 加热至斑点显色清晰。供试品色谱中，在与对照药材色谱和对照品色谱相应的位置上，显相同颜色的斑点。

取对羟基苯甲醇对照品，加乙醇制成每 1 mL 含 1 mg 的溶液，作为对照品溶液。照薄层色谱法（通则 0502）试验，吸取供试品溶液 10 μL、对照药材溶液及上述对照品溶液各 5 μL，分别点于同一硅胶 G 薄层板上，以石油醚（60 ~ 90 °C）-乙酸乙酯（1∶1）为展开剂，展开，取出，晾干，喷以 10%磷钼酸乙醇溶液，在 105 °C 加热至斑点显色清晰。供试品色谱中，在与对照药材色谱和对照品色谱相应的位置上，显相同颜色的斑点。

3.8 质量控制

水分　不得过 12.0%（基于通则 0832 第二法）。

总灰分　不得过 4.5%（通则 2302）。

二氧化硫残留量　照二氧化硫残留量测定法（通则 2331）测定，不得过 60 mg/ kg。

酸不溶性灰分　不得超过 1.5%（《中国药典》一部附录）。

其他　应符合我国中药天麻项下的各项规定（《中国药典》一部附录）。

【含量测定】按照高效液相色谱法（《中国药典》一部附录）测定。

【浸出物】照醇溶性浸出物测定法（通则 2201）项下的热浸法测定，用稀乙醇做溶剂，不得少于 15.0%。

【含量测定】照高效液相色谱法（通则 0512）测定。

色谱条件与系统适应性试验　以十八烷基硅烷键合硅胶为填充剂；以乙腈-0.05%磷酸溶液（3∶97）为流动相；检测波长为 220 nm。理论板数按天麻素峰计算应不低于 5000。

对照品溶液的制备：取天麻素对照品、对羟基苯甲醇对照品适量，精密称定，加乙腈水（3∶97）混合溶液制成每 1 mL 含天麻素 50 μg、对羟基苯甲醇 25 μg 的混合溶液，即得。

供试品溶液的制备：取本品粉末（过三号筛）约 2 g，精密称定，置具塞锥形瓶中，精密加入稀乙醇 50 mL，称定重量，超声处理（功率 120 W，频率 40 kHz）30 分钟，放冷，再称定重量，用稀乙醇补足减失的重量，滤过，精密量取续滤液 10 mL，浓缩至近无醇味，残渣加乙腈-水（3∶97）混合溶液溶解，转移至 25 mL 容量瓶中，用乙腈-水（3∶97）混合溶液稀释至刻度，摇匀，滤过，取续滤液，即得。

分别精密吸取对照品溶液与供试品溶液各 5 μL，注入液相色谱仪，测定，即得。本品按干燥品计算，含天麻素（$C_{13}H_{18}O_7$）和对羟基苯甲醇（$C_7H_8O_2$）的总量不得少于 0.25%。

【贮藏】置通风干燥处，防蛀。

# 附录 J　天麻饮片质量标准

1 目的

建立天麻饮片质量标准，明确各项检验指标，保证天麻质量符合规定要求。

2 范围

适用于天麻饮片的质量判定。

3 主要编制依据

《中华人民共和国药典》（2015 年版），我国中药材饮片通则等。

《江西省中药炮制规范》（2008 年版）

《湖南省中药饮片炮制规范》（2010 年版）

4 范围

本标准基于“国家中药材生产质量管理规范”（GAP）的要求，对天麻饮片的生产术语和定义等做出了相关规定。

本操作标准适用于我国西南武陵山片区（雪峰山）主要天麻产区及其他同类气候环境区域天麻饮片的操作。

5 标准引用文件

下列文件对于本标准的应用是必不可少的。凡是注日期的引用文件，仅所注日期的版本适用于本文件。凡是不注日期的引用文件，其最新版本（包括所有的修改单）适用于本文件。

《农产品安全质量》（GB 18406—2001）（四部分），中华人民共和国国家质量监督检验检疫总局。

《中药材生产质量管理规范》（征求意见稿），国家药品监督管理局。

《中华人民共和国药典》（2015 年版），国家食品药品监督管理总局。

《药用植物及制剂进出口绿色行业标准》（WM 2—2001），中华人民共和国对外贸易经济合作部。

天麻饮片

本品为兰科植物天麻（*Gastrodia elata* Bl.）的干燥块茎经蒸制切片工艺得到的加工炮制品。

【炮制】立冬后至次年清明前采挖，净选，洗净，水蒸杀青至透心，切 2 ~ 4 mm 厚片，40 °C 干燥至恒重（筛去碎屑），即得。

【流程】

净选：将生鲜原料天麻置于净选台上人工挑选，去除非药用部位以及杂质等。一次倾置量不能太多。净制好的天麻装入洁净容器内，待用。

蒸制：将净选好的天麻，用水适当淋湿，置于周转框内，放于蒸柜内，100 °C 蒸制至通透，内外软硬一致。

切制：蒸制完毕的天麻倾入调试好的多功能切药机中切制成薄片（2 ~ 4 mm），切片时应注意刀距和刀的锋、钝程度，及时调整刀距和磨刀以减少残败片的产生。切好的片装入洁净容器内，备用。

干燥：将切制好的片按从上往下的顺序，置于烘箱托盘上，药材装盘要铺平，控制装盘厚度为 1 ~ 2 cm。装盘完毕，把托架推入烘箱中。40 °C 热风干燥，每间隔 1 小时，应打开排湿阀排湿 5 ~ 10 min。干燥途中每隔两小时翻药一次。干燥结束，先关加热装置，开门降温 35 °C 左右，再关风机，移出推车，至晾片区晾凉。待药材温度降至室温后装入容器内。称量，备检。

筛选：将干燥好的天麻切片，用筛选机 10 目筛筛去碎屑、焦屑及灰屑。筛选好的饮片装入洁净容器内，备验。

【要点】

蒸制：天麻内外熟度一致。

切制：切片控制厚度为 2 ~ 4 mm。连刀片、掉刀翘刀片、异形片不得超过 5%。

干燥：装盘厚度为 1 ~ 2 cm，干燥温度为设定为 40 °C，干燥途中每隔 1 小时翻药一次。检测天麻水分不得超过 8%。

筛选：筛去碎屑、焦屑，挑去败片、异形片。

【HACCP 质量控制】

表 J1　HACCP 质量控制

| 工序 | 监控项目 | 质量风险点 | 控制措施 | 频次 |
| --- | --- | --- | --- | --- |
| 蒸制 | 蒸制程度 | 药材内外一致 | 双人复核，时间、温度参数严格控制 | 每批 |
| 切制 | 厚度 | 厚度控制 2 ~ 4 mm，异形片≤5% | QA 全程监控抽检，超标做偏差处理 | 每班 |
| 干燥 | 装盘厚度、干燥温度、水分 | 装盘厚度 2 ~ 3 cm，干燥温度≤设定 +5 °C，水分不超过标准规定。 | QA 全程监控抽检，超标做偏差处理 | 每批 |
| 净选 | 碎屑、焦屑、败片、异形片 | 碎屑、焦屑≤2.0% | QA 全程监控抽检，超标做偏差处理 | 每班 |

【性状】本品为淡黄色半透明片状。边缘呈天麻外皮的灰褐色，内部黄白色至淡棕色，有时可见点状排成的横环纹。角质样，质硬脆，有天麻的特征性气味，味甘。

【鉴别】

外边缘轮廓有少许表皮残留，下皮由 2 ~ 3 列切向延长的栓化细胞组成。皮层为 10 数列多角形细胞，有的含草酸钙针晶束。较老块茎皮层与下皮相接处有 2 ~ 3 列椭圆形厚壁细胞，木化，纹孔明显。中柱占绝大部分，有小型周韧维管束散在；薄壁细胞亦含草酸钙针晶束。粉末黄白色至黄棕色。厚壁细胞椭圆形或类多角形，直径 70 ~ 180 μm，壁厚 3 ~ 8 μm，木化，纹孔明显。草酸钙针晶成束或散在，长 25 ~ 75（93）μm。用醋酸甘油水装片观察含糊化多糖类物的薄壁细胞无色，有的细胞可见长卵形、长椭圆形或类圆形颗粒，遇碘液显棕色或淡棕紫色。螺纹导管、网纹导管及环纹导管直径 8 ~ 30 μm。

取本品粉末 0.5 g，加 70%甲醇 5 mL，超声处理 30 min，滤过，取滤液作为供试品溶液。另取天麻对照药材 0.5 g，同法制成对照药材溶液。再取天麻素对照品，加甲醇制成每 1 mL 含 1 mg 的溶液，作为对照品溶液。照薄层色谱法（通则 0502）试验，吸取供试品溶液 10 μL、对照药材溶液及对照品溶液各 5 μL，分别点于同一硅胶 G 薄层板上，以乙酸乙酯-甲醇-水（9∶1∶0.2）为展开剂，展开，取出，晾干，喷以 10%磷钼酸乙醇溶液，在 105 °C 加热至斑点显色清晰。供试品色谱中，在与对照药材色谱和对照品色谱相应的位置上，显相同颜色的斑点。

取对羟基苯甲醇对照品，加乙醇制成每 1 mL 含 1 mg 的溶液，作为对照品溶液。照薄层色谱法（通则 0502）试验，吸取供试品溶液 10 μL、对照药材溶液及上述对照品溶液各 5 μL，分别点于同一硅胶 G 薄层板上，以石油醚（60 ~ 90 °C）-乙酸乙酯（1∶1）为展开剂，展开，取出，晾干，喷以 10%磷钼酸乙醇溶液，在 105 °C 加热至斑点显色清晰。供试品色谱中，在与对照药材色谱和对照品色谱相应的位置上，显相同颜色的斑点。

【检查】

水分　不得超过 12.0%（基于通则 0832 第二法）。

总灰分　不得过 4.5%（通则 2302）。

天麻素+对羟基苯甲醇　高于 0.24%

浸出物　高于 15.0%

二氧化硫残留量　照二氧化硫残留量测定法（通则 2331）测定，不得过 200 mg/ kg。

酸不溶性灰分　不得超过 1.5%（《中国药典》一部附录）。

其他　应符合我国中药饮片项下的各项规定（《中国药典》一部附录）。

【含量测定】按照高效液相色谱法（《中国药典》一部附录）测定。

【浸出物】照醇溶性浸出物测定法（通则 2201）项下的热浸法测定，用稀乙醇做溶剂，不得少于 15.0%。

【含量测定】照高效液相色谱法（通则 0512）测定。

色谱条件与系统适应性试验

以十八烷基硅烷键合硅胶为填充剂；以乙腈-0.05%磷酸溶液（3∶97）为流动相；检测波长为 220 nm。理论板数按天麻素峰计算应不低于 5000。

对照品溶液的制备

取天麻素对照品、对羟基苯甲醇对照品适量，精密称定，加乙腈水（3∶97）混合溶液制成每 1 mL 含天麻素 50 μg、对羟基苯甲醇 25 μg 的混合溶液，即得。

供试品溶液的制备

取本品粉末（过三号筛）约 2 g，精密称定，置具塞锥形瓶中，精密加入稀乙醇 50 mL，称定重量，超声处理（功率 120 W，频率 40 kHz）30 min，放冷，再称量，用稀乙醇补足减失的重量，滤过，精密量取续滤液 10 mL，浓缩至近干无醇味，残渣加乙腈-水（3∶97）混合溶液溶解，转移至 25 mL 容量瓶中，用乙腈-水（3∶97）混合溶液稀释至刻度，摇匀，滤过，取续滤液，即得。

测定法

分别精密吸取对照品溶液与供试品溶液各 5 μL，注入液相色谱仪，测定，即得。

本品按干燥品计算，含天麻素（$C_{13}H_{18}O_7$）和对羟基苯甲醇（$C_7H_8O_2$）的总量不得少于 0.25%。

【性味与归经】甘，平。归肝经。

【功能与主治】息风止痉，平抑肝阳，祛风通络。用于小儿惊风，癫痫抽搐，破伤风，头痛眩晕，手足不遂，肢体麻木，风湿痹痛。

【用法与用量】3 ~ 10 g。

【贮藏】置通风干燥处，防蛀。

# 附录K　天麻种植部分彩图

图K1　天麻块茎

图K2　天麻抽薹

图K3　天麻花序

图K4　天麻药材

图K5　记载天麻的部分本草医书

图K6 萌发菌母种

图K7 萌发菌二级种（原种）

图K8 袋式三级萌发菌菌种（栽培种）

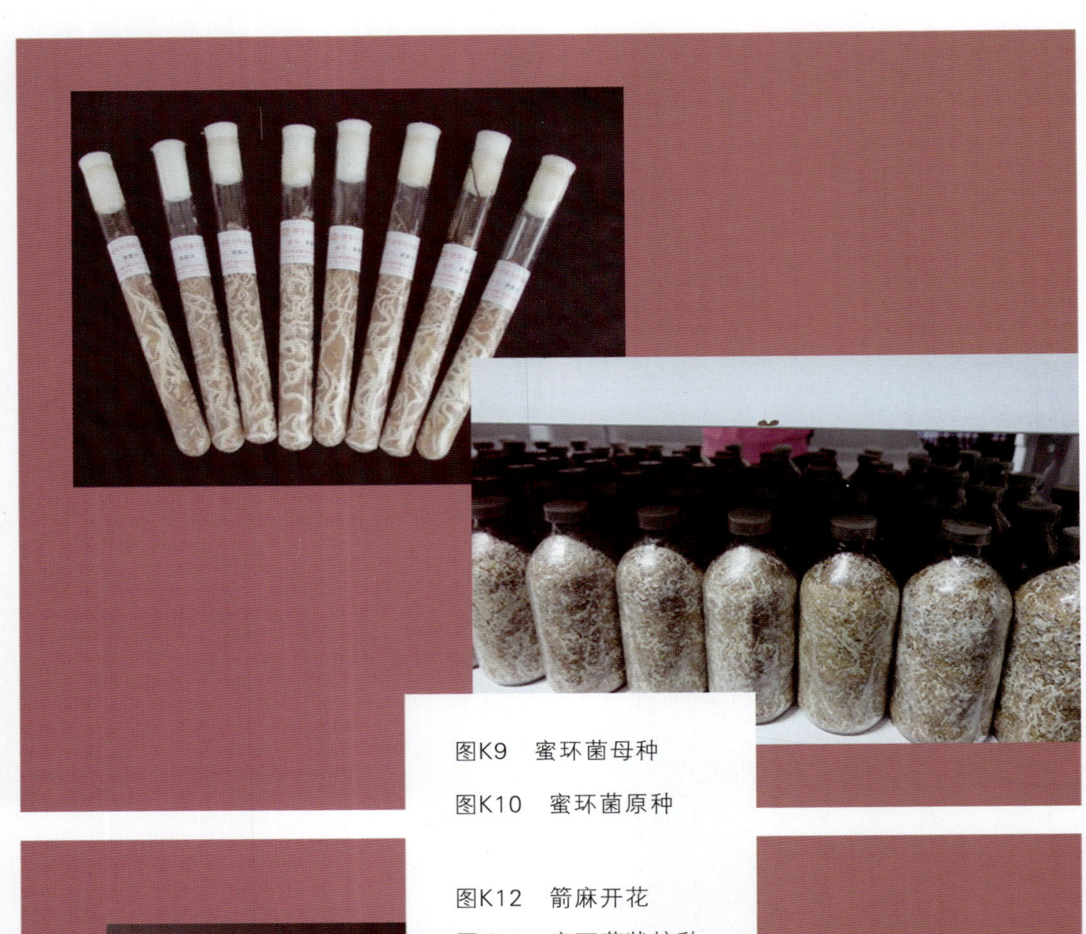

图K9　蜜环菌母种

图K10　蜜环菌原种

图K12　箭麻开花

图K11　蜜环菌栽培种

图K14　床畦播种

图K15　有性繁殖收获种麻

图K13　室内培育天麻种子

图K16　菌种新材栽培法

图K17　固定菌床栽培法

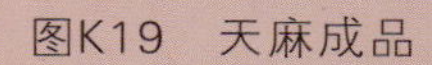

图K19　天麻成品

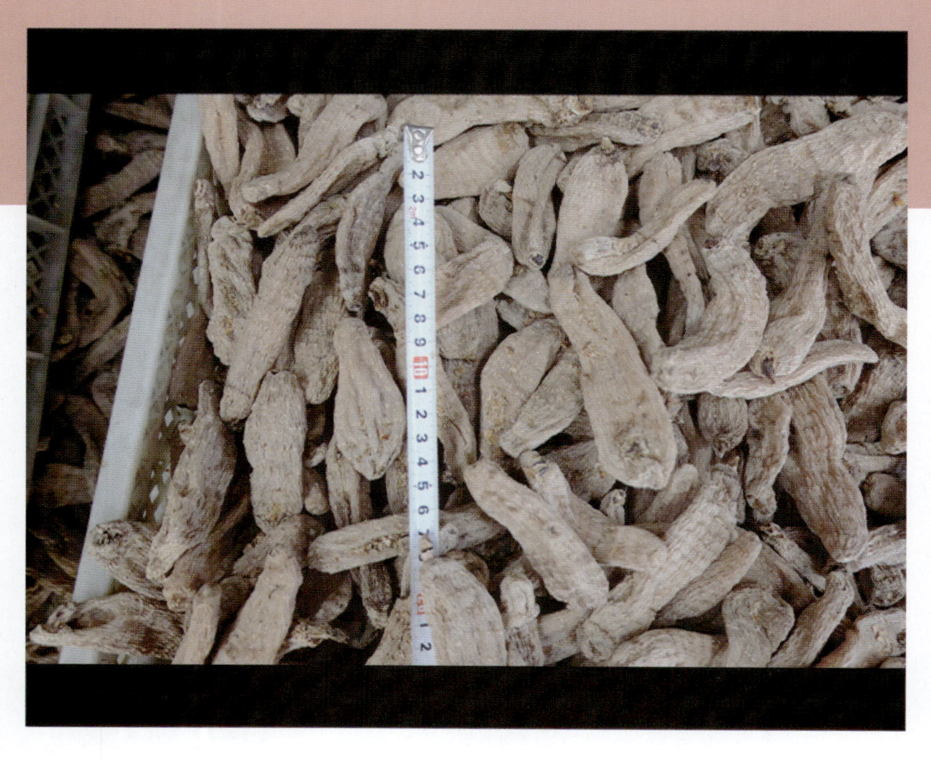

图K18　天麻加二

图K20　云南昭通市昭阳区金瓜村仿野生栽培环境

图K21　云南昭通市昭阳区金瓜村仿野生栽培窖